Heyri Architecture

헤이리 건축

Heyri Architecture

헤이리 건축

Introduction

이 책은 2005년도 대한민국 건축제를 기념하기 위하여 한국건축가협회에서 기획된 것으로 한국 건축을 대표할 수 있는 작품집 출판을 논의하던 과정에서 건축가들이 집단으로 참여한 예술마을 헤이리를 선정하게 된 것이다. 헤이리는 아직 완성된 마을은 아니나 많은 건축물들이 국내 주요한 건축상을 수상하기도 하였으며, 주거를 포함한 각종 복합 문화 시설들이 다양하게 존재하는 곳이다. 특히 24시간 커뮤니티가 이루어지면서 새로운 문화를 생산해내는 이곳은 이 시대 한국 건축의 정신을 가장 잘 읽을 수 있는 장소라 생각한다.

대부분의 건축이 공간, 질료, 형식에 있어 새로운 가능성들을 모색하고 있으며 환경의 문제, 즉 자연과 인공의 관계 설정에 있어서도 20세기 모더니즘적 시각과 다른 건축적 풍경(Architectural Landscape)을 표현해내고 있음을 읽을 수 있다.

이와 같은 현상은 한국의 제2 모더니티(Second Modernity)에 대한 또 하나의 흐름으로 인식될 수도 있을 것이다. 이러한 건축적 전환은 많은 독자들에게 건축에 대한 인식을 새롭게 하는데 도움이 될 것이며, 건축을 배우는 이나 젊은 건축가들에게도 좋은 참고 자료가 될 것이다.

이번에 출판되는 Volume 0편에는 시간상의 제약으로 많은 건축이 수록되지 못하고 10여 개의 작품만 수록되었다. 하지만 다음 시리즈에서는 보다 많은 작품과 향상된 내용으로 출판할 것을 알리며 이번 작품집에 협조해 주신 여러 건축가들에게 감사를 드린다.

2006년 1월
한국건축가협회 편찬위원장 **우경국**

This book was planned to coincide with the Korean Architectural Festival, hosted by the Korean institute of Architects. The numerous architects taking part in this project chose the Heyri Art Village as the place that would represent Korean Architecture in the final publication of the book. Although the Heyri Art Village is not yet fully completed, it contains a number of finished features, such as residence dwellings and various forms of cultural facilities. It is worth noting that a number of architects were awarded prizes for their work on the village. It is my point of view that the spirit of a period of Korean Architecture is found at the Heyri Art Village, especially considering that it acts as a 24 hours community space and can take part in creating a new culture.
We are currently seeking other possibilities for Architectural space, quality, form, etc. The problem we seek to solve with the next project is economic; in other words, we hope to find a way to create a harmonious relationship between artificialness and nature. Another one of our ambitions is to find different point of view between 20th century modernism and other architectural landscape.
One could view such movement and aspiration as the second modernity of South Korea and our hope is that this book reveals such a momentum. If so, it can offer the reading public an understanding about changes in contemporary architecture. It may also serve as a valuable reference to students of Architecture and young professionals in the field. In the current volume, volume 0, there are only 13 works recorded. For this I offer my sincere apologies, as time was a limited factor in this case. I look forward to the inclusion of many more records in the next volume.
At this time I would like to acknowledge some of the architects that have given me enormous amounts of help in creating this book.

January. 2006
Woo, Kyung-Kook
Korea Institute of Architects, Editing chairman

1. 고막원 *Go-Mak Won*
2. 이비뎀 *ibidem*
3. UV 하우스 *UV House*
4. 후명원 만묘루 *Hu-Myung Won, Vodium*
5. 건축박물관+시경당 *MOA Gallery & Sikyung-Dang House*
6. 안상규 스튜디오 *ASK studio*
7. 소담 갤러리 *Sodam Gallery*
8. 비틀린 집 *Torque House*
9. 카메라타 황인용 음악 스튜디오 *Camerata Music Studio and W-Residence*
10. 한길 아트 스페이스 3 *Hangil Art Space 3*
11. 정한숙 기념관 *Cheong, Han-Sook Memorial*
12. 딸기가 좋아 *I like dalki(Dalki Theme Park)*
13. 93 뮤지엄 *93 Museum*
14. 계(界)의 다리- 헤이리 5교 *The Bridge 5, territory-界*
15. 헤이리 1교 *The Bridge 1, Heyri Art Valley*

Contents

Heyri Architecture Article & Criticism

헤이리 예술마을 만들기와 전략
Heyri Art Valley's Construction Strategy and Process

우경국 Woo, Kyung-Kook

대한민국 경기도 파주에 있는 헤이리는 문화와 예술을 위하여 만든 특별한 목적 도시이다. 이 마을은 정부나 지방자치단체의 도움 없이 순수한 문화, 예술인들이 공동체를 만들어 건설을 한 것이 특징이다. 헤이리의 구축 과정은 매우 오랜 시간이 소요되었으며, 일상적 방법을 벗어난 조직 체계와 방법론을 통해 건설하고 있다.

1997년부터 회원을 모집하기 시작하였으며, 일정한 자격을 갖춘 사람만이 헤이리 회원이 될 수 있다. 여기서 말하는 자격이란 창작자(건축, 회화, 조각, 설치, 도예, 서예, 공예, 사진, 영상, 영화, 음악, 문학, 문화 기획, 비평가, 출판, 예술 분야 교육자 등)와 문화 예술 경영자(미술관, 갤러리, 음악홀, 극장, 서점, 아트숍, 경영자 및 영화 제작자 등) 분야의 사람들로서 자격심사에 통과된 사람을 말한다.

미리 조직된 자격심사위원회의 심사를 거친 회원들은 전문 분야별 특성에 따라 소위원회에 속하게 되며 부정기적으로 해당 위원회 일을 하게 된다. 헤이리 조직은 마치 주식회사와 같은 제도로 이사회와 소위원회, 사무국, 거주자를 대상으로 한 마을회로 구분 운영되고 있으며, 건설과 관련하여 건설위원회에서는 모든 것을 관장하고 있는 시스템이다.

이곳 회원들은 예술마을을 목표로 하는 만큼 신축하는 건축 면적의 60% 이상 문화시설(전시, 공연, 작업실, 교육장, 다목적실 등)을 해야 하는 의무를 지닌다.

이와 같이 회원들은 그들의 이상을 실현하기 위하여 두 가지 목표를 공유하고 있다.

첫째, 공통된 장르의 전문가들이 모인 공동체로 문화를 생산, 전시, 판매하면서 동시에 거주하는 24시간 커뮤니티를 실현해나감으로써 자연스럽게 문화적 담론의 차이를 생산하려고 하는 것이다.

둘째, 21세기 도시 구축의 새로운 형식론과 접근 방법을 실험하기 위해 디자인 커미티, 건축 코디네이터 또는 선정된 건축가만이 설계를 할 수 있는 건축가 풀(pool) 제도 등 특수한 조직을 운영하는 것이다. 즉, 회원으로 구성된 조직과 실제적으로 도시를 만들기 위한 건축가, 도시 계획가, 조경 건축가, 토목 기술자로 구성된 조직이 상호 유기적 관계를 맺음으로써 가능하도록 한 방법이다.

도시 건설 과정과 건축가 참여

헤이리는 예술마을을 건설하기 위하여 기존 도시와 다른 프로세스를 갖고 있다. 마스터플랜을 만들기 이전에 건축가로 구성된 디자인 커미티(우경국 외 김종규, 이종호, 헬렌박)를 결성하여 땅의 해석으로부터 마을의 성격, 건축 등을 논의하고, 도시 건설의 사상과 철학 등 마스터플랜의 방향을 도시

Heyri Art Valley is a unique municipality for culture and art, located in Paju, Gyeonggi Province of South Korea. Heyri's distinctive character derives from the fact that artists and cultured intellectuals formed a community to construct the village without involvement of government or local governing board. Formation of Heyri took a long process through unusual structural formation and methodology. Since 1997, Heyri has subscribed members who passed a specific qualification threshold established by qualification committee. Such qualified members include: creators(architects, painters, sculptors, calligraphers, photographers, musicians, writers, critics, publishers, art discipline educators, etc.) and culture and art managers(facilitators of art museum, gallery, concert halls, theaters, book stores and art shops and movie producers, etc.).

The members belong to subcommittees based on their specialty and work on each discipline's subcommittee at regulating odd intervals. Heyri's structure emulates that of a corporation, subdivided into board of directors, subcommittees, administration, and resident town committee, of which the construction committee oversees all aspects of management.

The members are required to devote 60% of constructed space to cultural infrastructure,(such as exhibition, performance, work or educational space, etc.) to promote the common ideal of the art village.

The members share two main purposes to realize their common ideal.

First, as a community of artists who are genre-in-common specialists, the members aim to generate, exhibit and disperse culture and concurrently, to reside together in a 24-hour community to generate cultural understanding in a natural setting.

Second, the members aim to create and manage a new 21st century urban formalism and approach by engaging design committee, construction coordinators and pool of preauthorized, selected architects. Thus, an organization consisting of qualified members that owns the space and a pool of specialists, including architects, city planners, landscape architects, and civil engineers, who build upon that space, work mutually in coordination.

Urban Planning Process and Involvement of Architects

Heyri engaged a process that is distinctive from other existing municipalities to build an art village.

Prior to the completion of the master plan, the design committee consisting of architects(Woo, Kyung-Kook/ Kim, Jong-Kyu/ Lee, Jong-Ho and Helen Park) was formed to analyze the land and the purpose of village, and to debate architecture. Then, urban planner Kim, Hong-Kyu was engaged to formulate direction of master plan and to form the framework of the village based on city-building ideology and philosophy. Based on such master plan, the city planning team provided the

1999년

Heyri master plan

계획가(김홍규 교수)에게 의뢰하여 마을의 틀을 짜게 되었다. 도시 계획팀은 이를 바탕으로 땅의 구조가 도시의 구조로 전환되는 생태적이면서 조닝(zoning) 개념을 벗어난 탈중심적이고, 그린 네트워크가 이루어지는 비기하학적인 느린 체계의 도시 틀을 만든 것이다.

이 틀 위에 구체적인 건축적 풍경(architectural landscape)을 실현시키기 위하여 건축 지침(건축 위치, 볼륨, 사용 재료, 조경 방법 등)을 만들고(김종규, 김준성), 모든 건축 설계는 헤이리 건설위원회(이명환, 우경국, 마숙현, 이명섭, 심만수) 심의를 거치도록 하고 있다.

헤이리 내 모든 건축물의 설계는 전국 19개 대학 건축과 교수로 구성된 추천위원으로부터 추천받은 건축가 34명과 외국 건축가 6인만이 설계를 할 수 있고, 선정된 건축가 외의 건축가는 건설위원회 심사를 거쳐 설계할 수 있도록 제도적 장치를 마련하였다. 선정된 건축가는 헤이리의 성격 및 건축적, 도시적 방향 설정에 대한 심포지엄과 전시회를 두 차례 가졌으며, 특별한 상황이 있을 시마다 세미나 등을 통하여 의사를 결정해 나갔다.

건축가와 건축주의 설계 계약은 건설위원회에서 작성한 공동 계약서에 의해 세 차례에 걸쳐 공동 계약식 방법으로 진행해 나갔으며, 앞으로도 계속 개별적 계약에 의한 설계가 진행될 것이다.

전체 300여 건물 중 현재 40여 동이 완료되었고 20여 동이 공사 중에 있다. 2006년 말에는 100여 채가 준공될 것이다. 이는 마을 전체가 건축 전시장이 되게 하려는 전략이다.

조경 방법

헤이리 내의 모든 오픈 스페이스는 인공 지역과 녹지 지역으로 구분되어 녹지 지역의 조경은 기존 산과 능선의 식생과 유사해야 하며, 가급적 야생화 위주의 조경을 해야 한다. 개인 필지라도 건축이 놓이는 인공 대지 외에는 기존의 생태, 또는 이웃 필지와 연계한 방법의 조경을 하도록 하고 있다. 이는 인공적으로 정원을 조성하였다는 느낌보다는 자연 생태 속에 건축적 풍경이 존재하도록 하려는 것이다. 현재는 그 성과가 가시적으로 드러나지 않고 있으나 향후 5~10년 후에는 생태적인 마을로서의 모습을 보일 것이다.

문화 생산과 과정

헤이리 회원들은 장르별 전문성에 따라 건설위원회, 기획위원회, 예술위원

organic framework for transformation of land into municipality that utilizes anti-geometric, elongated systematic framework based on green networking rather than centrally oriented zoning matrix system.
On top of such framework, architectural guidance(construction location, volume, material, landscape methods, etc. Kim, Jong-Kyu/ Kim, Jun-Sung) was formulated to realize specific architectural landscape. Also, all architectural design must be approved by the architectural committee(Lee, Myong-Whan/ Woo, Kyung-Kook/ Ma, Sook-Hyun/ Lee, Myong-Sup).
The systematic limitation allows only 34 preauthorized Korean architects, selected by recommendation committee consisting of 19 architecture professors nationwide, and 6 preauthorized foreign architects to design all structures within Heyri. Other architects must be pre-approved by the architectural committee.
Preauthorized architects conducted two symposiums and exhibitions to determine Heyri's character and architectural and municipal directions and organized seminars to address specific issues to build consensus in reaching decisions.
A common contract binds the architects and member-owners, under which communal contract exists to ensure that the entire village retain the characteristic of architectural exhibition. Of 300 buildings, approximately 40 buildings are completed, 20 are under construction and by the end of 2006, and approximately 100 are to be completed.

Landscape Method

All open space in Heyri is divided into artificial area and green area. The green area's landscape must assimilate to existing mountain and ridgeline, preferably with wild plants, and even an individual lot must assimilate with existing environment and neighboring lots, except for the artificial area for building construction. This ensures that architectural landscape exists within natural environment rather than being constructed artificially. Currently, the effects are not apparent, however, the envisioned environmental appearance will submerge in next 5 to 10 years.

Culture Production and Process

All Heyri members, based on their genre's specialty, belong to subcommittees such as architectural committee, planning committee, art committee, membership committee, Heyri Award committee, resident town committee or board of directors. The chairman of the board of directors and administration committee also form a part of Heyri village. Issues discussed by subcommittees are submitted to the board of directors for decisions.

2000년

회, 회원위원회, 헤이리상 운영위원회, 마을회 그리고 이사회와 이사장(김언호), 사무국(사무총장 이상)으로 구성되어 있다. 소위원회에서 논의된 내용들을 성격에 따라 이사회에서 결정하는 방법을 채택하고 있다. 모든 결정은 가장 좋은 공동체 마을을 만든다는 전제하에 진행되며 차별화된 마을 건설을 위하여 세계 각국의 예술인 마을, 유명 건축가 건축물, 미술관 및 박물관, 책마을 등을 매년 답사하여 문화 프로그램, 건축, 도시 구성, 문화 판매 전략, 방문객 유형 등을 분석하고 교훈으로 삼는 학습을 지속하고 있다.

헤이리의 문화 생산은 네 가지 방법으로 실현하고 있다.

하나는 개별 건축물에서 기획하고 있는 전시 및 공연, 교육 프로그램이 있으며, 둘째는 개별 건축물이 연계해(5~6개 갤러리) 페스티벌 성격의 전시를 기획하며, 셋째는 마을 자체의 문화 축제로 1년에 한번(가을) 개최되는 종합 페스티벌(주제 전시, 헤이리 건축 전시 및 심포지엄, 공연, 퍼포먼스, 오픈 스튜디오, 개별 기획전시)을 이미 2회 실시하였고, 2005년부터는 계절별 프로그램을 개발하였다.

넷째는 각종 디자인 상품을 판매하는 아트숍 및 카페, 레스토랑이 있으며 개별적인 이벤트(작은 음악회, 퍼포먼스, 워크숍 등)를 진행한다.

이와 같은 상황 속에서 회원들은 보다 더 가치 있는 마을의 성격을 위해 전시나 공연의 장르를 연구 검토 중이다. 예를 들어 한국은 IT 산업의 강국으로 뉴미디어 아트 계열의 작품을 전시하거나 위치적으로 비무장지대(DMZ)와 근접된 상황을 차별화시키기 위한 전략으로 이용한다든가 하는 예술 작업이다. 이미 많은 영화 감독(박찬욱, 김기덕, 강재규, 강우석)이 회원으로 있기 때문에 문화 영화를 제작하거나, 영상과 관련한 예술을 보여주는 방법도 연구 대상이 될 것이다. 그러나 현재는 성격 규정이 모호하며 문화를 비즈니스로 연결시키는 데 다소의 어려움을 겪고 있는 것이 사실이다.

도시 및 건축적 가치

새로운 형식의 도시 틀

땅의 흐름과 자연과의 소통을 개념으로 하는 헤이리의 특성은 땅이 지니고 있는 구조를 가급적 변형시키지 않으면서 도시의 틀로 전환시키는 방법으로 격자형 틀을 배제하고 있다. 이는 도시의 중심성 확보나 기능에 따라 토지를 배분하는 조닝 방법이 아닌 지형적 틀을 유지하면서 자연 자체를 도시 중심으로 끌어드리는 새로운 형식이다. 새로움이라기보다는 전통적인 땅의 형상에 따른 위계를 바탕으로 하였던 과거의 도시 형태가 더 이상 유용하지 않은 유럽의 현상과 달리 인공과 자연의 관계를 중시한 인식으로부터 출발하고 있다. 다시 말해 인공과 자연의 관계 맺음의 형식으로 자연을 중심으로 하되 그 사이 사이에 인공적인 공간을 구축하고 자연과 자연을 연결하는 그린 네트워크를 만들어 가는 등 생태적 담론이 개입되는 형식이다. 때문에 투시도적 시각을 벗어난 비기하학적 도시 경관을 제공하게 된다. 따라서 가로를 따라 배치되는 건축은 선형을 유지하게 되며, 건축 프로그램이나 문화적 프로그램에 의한 이용 행태에 따라 중심이 이동하는 "인식적 중심"을 지니게 되는 시스템으로 새로운 도시 기능의 성격을 촉진시키고 있다.

생태적 개념과 실현

2001년

이곳은 손의 모습과 같은 산 능선과 그 사이의 평지, 하천, 늪지가 있는 곳으로 자연을 최대한 보존하고 갈대늪지가 중심을 이루게 하며, 광장은 포장을 하지 않은 자연 상태의 땅을 그대로 유지시키고 있다. 보행자 전용도로 또한 맨땅이나 목재 데크, 야생초가 자랄 수 있도록 하고 있다. 도로는 우수가 침투할 수 있도록 시멘트 블록으로 처리하였으며, 집이 놓여지는 인공 대지 외의 공간은 근대 미학적 개념의 조경보다는 야생화나 자연의 흐름을 거스르지 않는 자연 친화적 조경을 추구하고 있다. 이는 굳이 생태적 담론의 결과이기보다는 자연의 기본적 구조를 이해하고, 건축에 끼친 그것의 영

All decisions are based on the preamble to build the ideal communal village. To distinguish the village from other towns, Heyri members continue to visit and study other art villages, profound architects' buildings, museums, galleries and book towns and analyze cultural program, architecture, city composition, strategy to market culture, and types of visitors.
Heyri realizes its ideal of production of culture under four methods. First, each building plans exhibits and performing and educational programs. Second, individual buildings, in liaison with 5~6 galleries, plan cultural festival oriented exhibitions. Third, the village has held two annual town wide cultural festivals, ranging from thematic exhibitions, architectural exhibitions and symposium on Heyri, and performances. Starting 2005, the town will develop seasonal programs. Fourth, various design and art shops, cafes and restaurants exist and they conduct smaller scale concerts, performances, and workshops.
Within such premise, the members examine ways to communicate Heyri's characteristic value and to realize cultural dispersion. For examples, the members evaluated holding exhibits emphasizing Korea's IT prowess such as new media art exhibits or developing artistic exhibits based on logistic uniqueness of Heyri near DMZ. Already, many acclaimed film directors(Park, Chan-Wook/ Kim, Gi-Duck/ Kang, Jae-Kyu and Kang, Woo-Suk) are members therefore, producing cultural film or holding exhibits of film related art are also being examined. However fusing the culture with business in the village is not being successfully practiced due to the ambiguous characteristic regulations.

Municipal and Architectural Value

New Form of Municipal Framework

Heyri's distinctive character is based on the concept of flow of land and communication with natural environment. Accordingly, architecture of Heyri excludes grid-oriented framework and aims to minimalize transformation of the existing land structure in converting the land to municipal framework. This new form maintains existing topography and concurrently pulls nature itself into the center of municipality, diverging from the traditional forms of urban-center oriented planning or division of land based on functionality according to zoning. Actually, rather than a new form of municipal framework, we start with recognition that values the relationship between artificiality and nature, as opposed to European phenomenon where traditional hierarchical division of land according to shape no longer applies. In other words, Heyri's form focuses on relationship formation between artificiality and nature with nature at the center. Artificial space interposes between nature in which green network connects nature and neighboring nature, engaging environmental discourse. Consequently, Heyri's architecture provides anti-geometric municipal landscape away from rendering point of view. Therefore, transversely situated architecture maintains linear shape as the center moves along with usage pattern of architectural programs or cultural programs in "recognition-central" formal system which facilitates characteristic of functional new municipality form.

Environmental Concepts and Realization

the physical nature of Heyri Art Valley has been formed around the contour of mountain as if it emulates contour of human hand, flat country between the mountains, river, swamp so the nature could be preserved in maximum effort. The reed swamp is being centrally located and public square has not been paved to preserve the natural soil. Also the pedestrian walkways have been designed to

향, 건축과 인공의 서로 다른 관계를 관계의 범주로 재 수용함으로써 가능해지는 것이다.

건축적 풍경을 위한 틀

헤이리 내에서의 모든 건축 행위는 자체적으로 만든 설계 지침을 준수해야 하는 의무를 지닌다. 이 지침은 헤이리의 정체성을 형성하는 데 매우 중요한 바탕이 되고 있는 것이다. 특히 패치(patch: 집을 배치하는 인공 대지)는 공동체 구현을 위한 첫 번째 단계로 평지와, 경사지, 오브젝트 플레이트(object plate)로 구분되어 있으며, 개별 건축과 건축을 수평적으로 연결하는 바탕 역할을 하도록 규정짓고 있다. 이는 인공적 가로의 연속성과 자연을 구분 짓는 1차적인 연결 고리인 것이다. 패치 외의 대지는 자연과 연결되는 중간 영역이다. 즉, 인공 영역과 자연 영역으로 크게 구분되며 자연 속에 건축적 풍경을 만들어 나가는 방법이다.

한편, 건물의 볼륨과 높이를 12m 이하로 규제하여 전체적인 경관의 질서를 유지한다. 특히 이곳에서는 물성을 왜곡시키는 재료(페인트, 반사 유리, 금속 패널 등)는 지양하고, 시간성을 인식할 수 있는 재료(목재, 철, 동판, 노출콘크리트, 투명 유리 등)의 사용을 권장함으로써 원래 그 자리에 존재하던 건축으로 인식되어질 수 있도록 하는 "새로운 경관의 성격"을 촉진시키고 있다.

개별 건축의 실험성

선정된 건축가들은 헤이리 건축 지침이 규정하는 범위 내에서 공간, 형태, 구조, 질료적으로 새로운 가능성을 제시하도록 하고 있다. 전반적으로 재료의 물리적 특성을 강조하는 디테일 처리와 미니멀리즘적 형식의 건축이 주류를 이루고 있으나, 이는 모더니즘과 다른 제2의 모더니티(second modernity)적인 경향의 건축으로 해석할 수 있을 것이다. 좀더 구체적으로 보면 대부분의 건축이 미술관 프로그램을 갖고 있어 벽량이 많은 형식이 전체적인 풍경을 만들어 가고 있으나 일부 자연과의 관계를 중시한 공간 개념이나 한국 전통 건축을 재해석한 개념으로 표현하기도 한다. 특히 일부 건축에서는 생태적 방법을 변용하여 지속 가능한 건축이라는 일반적 논리를 벗어난 건축가 특유의 해석에 의한 건축도 보이고 있다. 합리와 유기체 사이를 관통하며 이종 혼합 현상이 나타나기도 한다.

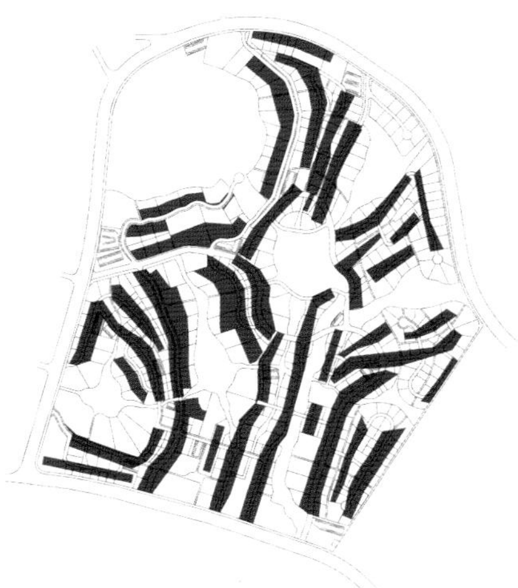

Patch

Road & Lot System

2003년

be either opened or paved with wooden deck hence the wild plants could grow naturally and the road has been treated with cement blocks to withhold the rainwater. Apart from the actual artificial building sites the landscape possesses unstopped flow of nature and pro-natural elements, resulting from understanding fundamental structure of nature and recognizing architectural phenomenon derived from such understanding, re-accommodating the difference of architecture and artificiality as new level of a class.

The Frame for Architectural Landscape

All architectural statement in the village has obligation to follow Heyri's architectural guide, which is the important basis for formulating and maintaining the characteristic of Heyri. Specifically, "Patch (artificial land for building site)" is the first element to create a community, dived into flat type, hill type, object plate which ties bases of individual architectural elements horizontally. This first linking element functions as separating continuation of artificial breadth and nature. The lands other than Patches function as middle ground from the nature. In other words, artificial territory and natural territory are identified separately to form a method for creating architectural landscape in nature.
On the other hand, the regulation limits the volume of building and also height of building to be less than 12m to order overall scenery, and materials that distorts property of matters(ex. paint, reflective glass, metal panels, etc) are not directed to be used, yet naturally aging materials(ex. Wood, steel, copper plate, exposed concrete, clear glass, etc) are recommended to be utilized in order to create an impression that the buildings were pre-existed on the site to promote "new characteristic scenery".

Independent Architectural Experimentation

The selected architects are challenged to provide new conceptual and systematical possibility of composition of space, form, and structure, within the Heyri's architectural guide. Overall, enhancing physical characters of material properties in detailing and minimalistic formal architecture are the most common form of expression in Heyri yet it is to be understood as possibly by the second waive of Modernity. In most cases, architectural structures contain galleries that require much of wall space, thus the most forms of architecture in Heyri appears to have many walls. However, few others express importance of intertwining nature within the architectural concept and others with re-examining and expressing Korean traditional architecture as the concept. Furthermore, few examples methods exhibit the architect's unique interpretation of ecological longevity instead of the norm of architectural longevity. Also, exhibited are

2004년

공동체와의 소통과 건축

문화와 예술이라는 특수한 목적을 지닌 공동체인 만큼 옥 내외 공용공간에서 벌어지는 페스티벌, 이벤트가 정기적이거나, 수시로 일어나며 동시에 이를 보기 위한 관람자들이 방문하게 되는 장소적 특성을 지닌 곳이다. 그렇기 때문에 개별 건축과 건축, 거주자 간의 유기적 관계가 중요한 문제로 대두된다. 이는 헤이리가 지니고 있는 도시 생태적인 특성으로 공간적 해결을 요구받게 된다. 평면적으로 패치가 공동체를 위한 사회적 공간으로서 중요한 역할을 하고 있다면 건축은 패치와의 관계 설정이 중요해진다. 이는 가로 구조와 건축 공간 구조와의 상호 관계로 소통을 전제로 출발해야함을 의미하는 것이다. 소통이 원활해진다는 것은 경계가 소멸됨을 의미한다. 그러나 여기서 문제가 발생하기도 한다. 대부분의 건물이 문화시설과 주거가 함께하는 복합 건물이기 때문에 소통의 원활은 주거의 독립성을 침해하는 것이 되고, 주거의 독립성을 강조하면 커뮤니티와의 소통이 단절되기 쉬운 문제가 발생하는 것이다. 이 두 가지 상반된 개념을 해결해야 하는 것이 헤이리 건축의 어려움이기도 하나 대부분의 건축가들은 "건축에서의 공동성" 전제로 오픈 스페이스, 마당, 사이 공간, 틈 등을 통한 해결을 모색하고 있는 것이다.

도시 질서를 위한 전략

전 장에서 언급한 바와 같이 땅의 형상과 가로 틀을 바탕으로 일정한 패턴을 갖고 만든 패치는 인공과 자연을 구분 짓는 판이기도 하지만 그 위에 건축이 구축되므로 패치 형상에 따른 다양한 형식의 건축 집합체가 또 다른 모습을 만들어 갈 수 있게 하는 1단계 틀이 된다. 이는 격자형 도시가 만들어 내는 도시 풍경과는 사뭇 다른 독특한 질서 체계를 형성하게 된다. 하지만 개별 건축의 정체성이 지나치게 강조될 경우 질서 구축에 역작용을 낳을 수도 있을 것이다. 이와 같은 문제를 극복하기 위한 전략 중 하나가 도로에서부터 적정한 거리를 후퇴하여 건축하는 것이며, 높이를 12m로 규제함으로서 일정한 볼륨이 연속되도록 하는 것이다. 다만 재료나 형태에서 상호 이질적 현상이 나타날 수 있으나 향후 거리의 모습이 선형을 유지하게 될 시기에는 건물과 건물을 연계시킬 수 있는 건축적 장치를 연구하게 될 것이다. 이는 초기에 정해진 틀에 의해 규제해나가는 것이 아니라 구축되어지는 현상을 바탕으로 만들어 나가는 방법인 것이다.

이와 같이 헤이리 예술마을은 커뮤니티 스스로 건축가와 협력하여 새로운 형식의 마을을 구축해나가고 있는 독특한 사례로서 도시적으로나 건축적 가치뿐만 아니라 21세기 새로운 문화 예술의 생산 방식이라는 것에 의미가 있을 것이다.

mashed effects of logics and organic matters.

Communication within the Community and with Architecture

Due to the communal purpose of culture and art, Heyri carries a purpose unique to the location that caters to indoor and outdoor festivals, events and visitors throughout communal space. Therefore, the relation between and among individual architectures and residents surfaces as an important question. Heyri's municipal environmental character merits spatial resolutions. In general, Patch plays a vital role as public space for the community whereas relational arrangement becomes the key issue for architecture which means architecture should be based on mutual relational communication between Patch and architecture. More flow of communication means breakdown of elements of divisions. This poses another issue. Most structures are mix-purpose buildings that co-exhibit residential and public space so more flow of communication may invade residential privacy and emphasis on residential privacy could cut off flow of communication. The difficulty lies with resolving these conflicting concepts. Most architects seek resolution by proposing and implementing "architectural commonality" in utilization of open spaces, front yards, in between spaces and gaps.

Strategies for Urban Order

As previously mentioned, Patches with certain unity divides artificiality and nature but also, because structures are built upon them, complex of Patches form another shapes that become first level of architectural framework. This produces unique urban order that cannot be found in grid-oriented urban landscape. However, too much emphasis on an individual structure's identity may interfere with urban order. Some of the solutions to deal with this concern are to recede the structures from the main roads and to regulate height to create organized skyline. Even so, materials and shapes still can remain at odds. Therefore, we will examine implementing architectural systems to tie in structures in the future. Such architectural systems are to be implemented based on a future development basis and are not to be set on the start.

The value of Heyri lies on not only the uniqueness of community's self-motivated cooperation with architects to form a new type of municipality but also carries municipal and architectural value for generating new method of production for culture and art.

Translation: Kang, Su-Gi & Pak, Sang-Dok

2005년

새로운 아르카디아를 향하여
Heyri- Towards a New Arcadia

김미상 Kim, Mi-Sang
한양대학교 건축학부 교수 Professor, School of Architecture Hanyang University

I

일반적으로 건축가는 건축 행위를 할 때 단지 건물의 실현만을 목표로 하기보다는 주변 환경을 고려하거나, 스케일이 커지면 도시적 차원에서 건축이 작용하여 건축과 도시의 합일이 이루어지기를 열망한다. 전통적으로 건축의 지침서가 되어 온 서양의 건축 이론서들은 BC 1세기의 비트루비우스(Vitruvius)로부터 시작하여 현재에 이르기까지 가정과 주택 건축은 도시의 최소 단위 혹은 도시의 축약으로 생각하곤 하였으며, 도시란 스케일이 커진 국가적 차원의 가정 혹은 주택으로 생각하였다. 적어도 우리나라에서는 현재와 같은 형태로서 건축이 분화된 특수 분야, 그리고 주요한 예술의 한 분야로서 대접받는 것은 최근의 일이라고 할 수 있으며 건축가의 역할이 단순한 '막도동' 의 지휘에 머무는 것이 아닌, 숭고하고 원대한 비전을 사회에 제시할 뿐만 아니라 그것을 구체화하여 물리적인 환경까지도 제공할 수 있음을 사회가 인정하기 시작한 것, 역시 최근의 일이다. 과거에는 건축가가 도시적 차원에서 자신의 작업을 논의하거나 개입한다는 것은 국가적 차원의 일로서 정치적인 배경과 힘을 전제로 해야만 하였다. 우리나라의 경우 점차 건축가 자신들 내부에 잠재해 있던 열망과 아울러 실천의 공간이자 실행 대상이 되는 사회, 문화적 환경과 배경은 건축가, 도시 계획가, 전문인, 문화 예술인들로 하여금 이러한 사회, 정치적 제약을 벗어나 자신들의 꿈을 구체적으로 현실화하려는 노력이 최초로 열매를 맺었다.

헤이리는 순수하게 민간 차원에서 의도되고 기획된 것으로서 아직도 완성되지 않은 진행형의 계획안이다. 박길룡 교수 등은 아마도 인공적으로 창조된 예술인 마을이란 공통점에서 19세기 말 독일의 에른스트 루드비히(Ernst Ludwig)공이 건축가 요세프 마리아 올브리히(Joseph Maria Olbrich)를 통하여 다름슈타트(Darmstadt)에 건설한 예술인 촌(Kunstkolone)을 지면에서 거론하였다. 그러나 그러한 유사점에도 불구하고 조성 배경과 원인, 조건은 적어도 다른 점이 존재한다. 다름슈타트의 예술인 촌은 권력가 개인의 문화적 열망과 배려에 의하여 창조되었으며 제한된 시간 내에 거의 한 건축가의 계획안으로써 건설되었음이 헤이리와는 근본적으로 다르다. 더 나아가 20세기 초 미스 반 데어 로에(Mies van der Rohe)가 주축 인물이 되어 이룩된 슈투트가르트 교외의 바이센 호프 집합

* 아르카디아(Arcadia): 고대 그리스 펠로폰네소스 반도 내륙의 경치 좋은 이상향, 천진 · 소박한 생활이 영위되는 이상향

주택 단지(Weissenhofsiedlung) 계획안이나 80년대 초 크리에(Krier)에 의하여 베를린(Berlin)의 리이터가(街: Rieterstrasse) 등에 조성된 단지, 1980년대 중후반에 이소자키에 의하여 일본 구마모토에 건설된 넥서스 월드(Nexus World) 등은 세계적인 지명도가 있는 건축가들을 초청하여 이룩된 단지들이지만 헤이리가 지향하는 예술인 마을과는 성격과 규모 등이 많이 차이난다. 헤이리에 있어서 가장 큰 특징은 전반적인 큰 틀만이 정해져 있을 뿐, 건축가를 비롯하여 많은 부분은 앞으로도 채워져야 할 열린 체계라는 점으로 아직도 많은 가능성을 내포하고 있으며, 시간에 따라 변화하고 진화할 수 있는 불확정적인 계획안이라고 할 수 있다. 앞의 프로젝트들이 건축물 위주의 단지임을 고려하면 헤이리는 적어도 현재는 개념에 머물고 있을지라도 유기적이고 역동적이며 점진적 시간성의 기록을 지향하고 있는 건축, 단지 계획이라고 말할 수 있겠다.

Ⅱ

전형적인 고전주의의 태도를 보이는 이은영은 그의 작품의 전거(典據)가 역사적 건축물들로부터 나온 것임을 솔직 명확하게 보여주고 있다. 역사적 건물들은 범문화적인 공통 요소를 갖고 있다고 이은영은 주장한다. 비록 근대 시대가 잉태될 때 뒤랑(Durand) 등에 의해 확립된 유형학을 인식하고 있긴 하지만, 이러한 공통 요소를 자신의 유형학 개념으로써 설명한다. 〈소담 갤러리〉에서는 동남아의 계단식 논, 건축사에서 찾을 수 있는 공중 정원, 하트셉수트의 장제 신전, 쉰켈(Schinkel)의 고대 미술관, 그리스 신전 등을 디자인의 원천으로 제시하고 있는데 이것들은 타 프로젝트에 비하여 형태 및 테라스를 비롯한 외부 공간이 강조되고 있는 느낌이다. 반면에 〈소담 갤러리〉에 이어 발표한 두 개의 주택 계획안에서는 쉰켈의 파빌리온, 알함브라 궁전, 경복궁 등을 참조함으로써 외부 및 내부 공간의 연출에 한층 더 강조를 하였고, 견고한 외양과 더불어 심리적으로 안정된 폐쇄적 내부 공간을 만들어 냈으며, 중심 공간에서 시각적으로 드라마틱하게 느껴지는 빛의 연출 등을 의도함으로써 감각적인 충격과 인상을 유도한다. 그러나 그가 대상으로 하는 이런 연출은 상대적 질서의 것과는 궤가 다르다. 그에게는 미학적 관념의 사항 역시 중요한 항목이 되어 '절대 미학'을 위한 마무

〈소담 갤러리〉(위), 〈카메라타〉(아래)

리 수법 등이 눈에 들어와 연출되는 빛조차도 고전적으로 순수하고 숭고한 백색의 빛을 당연히 상상하게 한다. 〈소담 갤러리〉의 경우 형태적으로는 3단의 매스로 구성되었으며 각 지붕-테라스는 형태적, 미학적으로 절대적인 완성도를 구현하기 위해 기능적으로 있어야 할 턱조차 제거되어 매끈하고 완벽한 매스를 구성하고 있을 뿐만 아니라 입구의 비바람막이를 위한 패러핏(Parapet) 등도 제거하여 완벽한 플라토니즘의 이상을 실천하려 하고 있다.

조병수의 〈카메라타〉는 외형상 단순 육면체로서 이후에 그가 건설하고 있는 타 건물의 시조가 되는 것이라고 해도 무방할 것이다. 그가 실행하고 있는 공간 구성 수법과 연출, 재료의 선택 등은 젊은 타 건축가들로 하여금 모범적 예로써 자주 인용되는 듯하다. 카페와 주거 부분으로 나뉜 평면은 지형을 이용한 단차를 이용하여 자연스럽게 분리되고 있으며, 두 매스 사이에는 상부로 올라 주택으로 인도하는 계단이 배치되었다. 2층의 계단으로 올라가며 시선은 두 매스 사이로 보이는 뒷산으로 이끌리며, 눈의 높이가 2층의 바닥 레벨과 같아지면서 물로 조성된 정적인 수정원(水庭園)이 올라오는 사람들의 시선을 그곳으로 이끌고 이윽고 주택으로 자연스레 인도한다. 그러므로 조병수의 건축에서 평면은 단순 명쾌하고 절제되어 공간적으로 명확하고 강렬하며 단순하나 풍부한 내레이션이 존재함이 발견된다. 카페에서의 빛과 공간의 연출은 비교적 담백, 수수하게 이루어지고 있어 순수한 공간만의 느낌은 종교적 공간에서의 엄격함과 숭고한 느낌을 떠올리게 한다. 이처럼 〈카메라타〉를 위시한 그의 작품들은 단순한 형태로 인하여 미니멀리즘적인 작품의 느낌을 갖게 하지만 디테일, 텍스처 등에서 이러한 개념으로부터 탈출하고 있다. 시각을 중심으로 한 공간의 연속적 배치와 그에 어울리는 물의 형태와 배치, 그리고 그 역할은 공간을 분절하고 확산시켜 차라리 바로크적인 특성에 가깝게 만들고 있다.

〈카메라타〉에서 그러하듯 공간과 외부의 자연을 그곳으로 잇는 수법은 타인들의 작품에서도 나타난다. 우경국의 〈후명원〉은 계단 등 이동 공간을 상하로 열어두고 뒷켠의 야산과 전면의 마당 부분이 교통되도록 연결하고 있다. 옥상 부분에서는 건축 구조물이 시각 조절 장치이자 액자로 기능하고 있다. 이러한 연출은 일본 건축가 안도를 비롯한 사람들이 범세계적으로 활발히 채용하기 시작한 수법이 발전한 것으로 보인다. 안도의 건축에서는 경사진 언덕을 건축 구조로써 3면을 모두 프레이밍(framing)하여 공간을 완전히 소유하는 반면 〈후명원〉을 비롯한 우경국의 작품들에서는 외부의 자연을 관입시켜 존재 자체를 자연과의 합일, 공존, 공유를 자연스럽게 구현하여, 서양풍의 기하학적 조형에도 불구하고 한국적인 공간의 특성을 성공적으로 구현하고 있다. 외측으로는 ㄷ자의 큰 판을 세워 열 지워 두었는데 그로 인해 발생된 모양은 김인철의 〈김옥균 기념관〉의 조형을 떠올리게 하지만, 관자가 이동하며 측면의 다양하게 변화하는 경치를 리드미컬하게 발견하도록 하여 운동성과 시간성이 강조되고 있다. 우경국의 건축은 외부에서 관찰할 때 주변의 건물이 그러하듯 미니멀한 건축으로 보일 수도 있겠으나 그의 건물은 공간, 그리고 시각은 물론 청각, 후각적 요인까지도 건축적 연출의 대상이 되어, 특히 건물 내부에서는 화려한 연출을 만끽할 수 있다. 〈건축박물관+시경당(MOA)〉은 우경국 자신의 주택과, 카페, 갤러리로 구성된 복합 건물로서 상부의 주택 부분에서는 이러한 연출이 극대화되고 있다. 무엇보다도 가장 특기할 것은 창덕궁의 연경당에서 그가 발견한 터널 같은 연속 공간, 그리고 그 사이에 배치된 여러 켜의 창호 및 그것을 개폐함으로 얻어지는 착시 현상을 비롯한 시각 효과와 심리적 효과를 성공적으로 재창조하고 있다. 이처럼 기지의 사실을 새로이 해석하고 극도의 지점까지 몰고 가 재창조함은 매너리즘적 단계에까지 이르게 하고 있다.

조민석과 최문규의 〈딸기가 좋아〉는 그 형태와 과장된 스케일, 그리고 그를 중심으로 이루어지는 액티비티(Activity) 등이 비일상적인 것으로 구성되어 단순히 키치적인 미를 지닌 것으로 여겨지기 쉽다. 그러나 특정한 목적과 관심사를 고려한다면 그러한 판단은 부당한 것이 될 것이다. 오히려 경박함보다는 깊은 사려가 도사리고 있다고 할 수 있다. 〈딸기가 좋아〉는 테마파크의 프로그램에 맞추어 구성되어 3개 층으로 이루어져 있으며 건물 내 각 영역, 그리고 건물의 내외부, 더 나아가 주위의 조경에까지 서로 연장되고 부드러운 전환을 꾀하고 있다. 그러한 조건으로 인하여 평면과 공간은 서로 뒤엉켜 있다. 결과적으로 공간은 정해진 내레이션을 가진 선적인 배치로부터 나오는 것이 아닌, 하이퍼텍스트(hyper-text)적인 것이 되어 중간 매개나 순서에 구애받지 않고 직접 원하는 영역과 장소로 이동할 수 있다. 혼재된 듯, 같은 이러한 상황은 영역의 연장과 이음을 가능케 하는 전제 조건이 됨으로서 개념적 측면과 구체적 측면에서도 이루어지고 있다. 상상의

〈후명원〉(위), 〈건축박물관+시경당(MOA)〉(아래)

〈딸기가 좋아〉(위), 〈비틀린 집〉(아래)

세계는 물리적으로 구체화되고 이러한 것이 다시 또 관객에게 상상력을 갖도록 하는 테마가 건축에도 적용되고 있는 것이다. 바닥이 되어야 할 잔디는 딸기에서 지붕을 이루고, 다른 건물인 〈비틀린 집(Torque House)〉에서는 벽체가 되었다. 이런 상황의 전치는 물리적 경계를 비롯하여 개념적 경계를 넓히고 흐리는(blur) 원인이 되고 있다. 즉 땅은 벽이 되었고, 다시 이 벽은 땅으로서 수직으로 세워진 조경이 되어 건축물 자체가 자연스레 자연적 조경물이 되었으며 조경의 주요 요소인 땅은 건축이 된 것이다. 건축가 자신이 언급한 말을 차용한다면 리얼(real)을 메타리얼(meta-real)로 승화시키고 있는 것,' 달리 말해 실제(reel)의 위(sur)에 세워진 (또 하나의 초현실적) 사실(sur-reel), 또는 사실을 초월하는 초현실주의(sur-realisme)적 연출이 이루어지고 있다. 동일한 맥락에서 '토크 하우스'라는 영어명이 그 개념을 훨씬 더 정확히 전달하고 있는 뒤틀린 형태의 이 집은 원칙적으로 직육면의 매스를 공간의 체적이나 내부 기능의 손상 없이 뒤틀었다는 점에서 위상기하학(topology)적 변형을 이루어 글자 그대로 건축이 지세(地勢 topology)로 환원되었다.

권문성의 〈고막원〉은 식물원 및 전시실 그리고 상층의 주거 부분으로 구성되었다. 대지는 평탄한 저지대에 위치하고, 건물은 주위의 건물에 비하여 비교적 소규모의 스케일을 유지하고 있다. 그럼에도 불구하고 형태적인 표현성이 강하게 드러나 매우 눈에 띈다. 매스는 전면 출입구 부분의 켜와 함께 두 부분으로 구성되고 있으며, 중앙에 위치하여 매스를 두 부분으로 분할하고 있는 굴뚝 모양의 타워는 강한 조소성을 나타내고 있다. 내부에서도 타워 부분은 원형 식물원을 구성하고 평면의 구심점을 이루며, 벽을 타고 설치된 포물곡선 형태의 동적인 성격의 계단으로써 내부의 상승효과, 그리고 전체 공간에서의 위계 중심이 되어 2층의 주거 부분으로 오르는 관문으로서 거주자나 방문객이 드라마틱한 공간을 체험하도록 구성되었다. 천장은 철격자와 유리로 마감되어 햇빛의 각도와 강도 등의 변화에 따라 곡면의 벽면에 투영되는 격자살의 그림자는 시간성을 의식케 하는 해시계가 되기도 하며 다양하고 때로는 왜곡된 이미지의 판타지 연출 도구가 된다.

최두남의 〈한길 아트 스페이스 3〉는 주거, 카페, 갤러리 등을 갖추고 있는 비교적 대규모 스케일의 건물로서 복합 기능의 건물이다. 좌우에 모뉴멘탈한 육면체를 배치하여 시각적이고 비례적인 안정감을 주고 있으며 그 사이를 잇는 수평적 건물로 인해 안정적 성격이 보장되고 있다. 전면에는 데크가 배치되어 다양한 기능 및 용도의 활용과 융통성에 가능성을 열어 두었고, 대지의 위치 조건상 양호한 조망권을 확보하고 있을 뿐만 아니라 주위의 몇몇 건물이 존재함에도 불구하고 독립성과 독자성이 확보되고 있다. 건물의 주된 용도는 주거와 전시로 구분할 수 있으며 평면상의 배치에 의해 적절히 기능과 용도가 구분되어 있다. 건물의 중앙부는 데크, 카페 등으로 구성되고 양측 매스를 연결하여 융통의 공간이자 연결 공간의 역할을 하고 있다. 좌우 양편의 매스는 천창을 두었으나 용도에 따라 각기 다른 방식을 취하고 있다. 전시실이 있는 좌측의 매스는 전시에 필요한 균등한 채광을 위하여 연속적 띠 모양의 천창을 배치하였고, 주거 부분에는 국부 채광을 위한 점적인 2개의 천창을 두고 있다.

이민과 손진이 계획한 화가 안상규의 아뜰리에 겸 주거인 〈안상규 스튜디오〉는 견고한 콘크리트 울이 대지를 따라 구축되어 성벽을 연상시키면서 자기 충족적이고 폐쇄적인 성격을 강화하고 있다. 실제로 건물은 외부에서 내부로 진입하는 입구를 쉽사리 발견하기 어렵다. 차고의 통과가 필연적이어서 기능적인 동선이나 배치 관계를 우선한 것으로 보기는 어렵고 아마도 그보다는 예술 의지가 한발 앞선 경우이리라 추측하게 된다. 이 건물에서는 일반적인 건축 언어가 어느 정도 무시되고 전치되어 있다. 외부로 직접 통하는 전통적 의미의 통로 즉, 문은 발견하기 힘들다. 외부에서 바라볼 때 눈높이에서는 건물이라기보다는 거대 기초나 성벽이라고 할 수 있는 견고하고 두터운 벽이 둘러쳐 있으며 그 이면에 건물 본체가 배치되고 있다. 대지의 내부로 들어가면 상황은 확실히 달라진다. 외부와는 달리 건물 자체가 확고히 정박하고 있어 지면으로부터 1층 바닥으로의 소통이 순조롭다. 지하로 내려가면, 아뜰리에와 사무 공간, 전시 공간 등으로 사용될 수 있는 실들이 배치되어 있는데 이른바 성벽과 건물 사이의 부분은 허(虛)의 공간이 되어 지하 평면이 제2의 1층이 되고 있다. 따라서 지상 층은 2개 층으로 연장되어 수직적 분리성을 허물고 있고 견고한 외부 벽체와 건물로 에워싸이는 허의 공간은 대단히 인상적인 공간을 조성하고 있다. 아마도 우연적으로 발생한 이러한 공간은 거주자의 감각과 의지에 따라 더욱 훌륭한 공간으로 승화될 수 있는 잠재력을 갖고 있다.

최욱은 헤이리에 여러 차례 작품을 실현할 기회를 맞고 있다. 〈93 뮤지엄〉

〈고막원〉(위), 〈한길 아트 스페이스 3〉(중간)

〈안상규 스튜디오〉(아래)

〈93 뮤지엄〉(위), 〈이비뎀〉(아래)

은 언급되고 있는 타 건물들에 비하여 비교적 수수한 외관과 공간을 갖고 있는 듯이 보인다. 최욱의 최근 행보로는 수학적, 기하학적, 비례 개념을 공간화 하는 것에 관심을 쏟고 있어서 파사드 전면의 장식적 선을 이용한 면 구성과 평면에서의 타이트한 기하학적 비례의 적용을 발견할 수 있다. 이와 아울러 1층은 상부의 매끈함에 비하여 거칠고 어두우며 무거운 모양을 함으로써 그의 작품에서는 양식적 견지에서 뿐만 아니라 관념적 견지에서도 공히 고전주의를 채택하고 있으며, 관념이 구체적인 공간을 지배하는 계기가 되고 있다. 평면의 구성을 고려하면 1층에는 아트 숍, 카페 그리고 주 요소가 되는 전시 공간이 위치하고 있다. 이처럼 전시 공간을 각 층 평면의 일부에 배치하고 나머지 부분은 사무실, 카페 등의 기능적이고 부차적인 성격의 공간을 배치하여 전시 공간은 수직적으로 연결성을 갖게 되었으며 각 공간의 자연스런 분절과 이동 및 움직임을 전제로 하게 되었다. 수직적 분산 배치로 도출된 공간은 공간의 구획과 분절이 자유롭게 이루어질 뿐만 아니라 각 공간이 연결되어 시간적 추이에 따라 연결성을 갖도록 하고 있다. 이처럼 단절과 연결은 내외부 공간의 관념적, 심리적 단절과 관통에도 상응함을 발견할 수 있다. 1층 및 2층의 벽은 개구부로써 시각적 연결을 유도하고 있는데, 특히 2층 계단 옆 지면은 2층의 바닥면과 동일한 높이로 성토되어 벽면에 붙어있는 쇼윈도우 형식의 전시 장치는 외부의 공간 역시 전시물의 관람 기능에 능동적으로 참여할 수 있도록 하고 있다.

〈이비뎀(ibidem)〉은 해체주의적 수법을 올바르게 구사하는 김헌의 작품으로 전시, 카페, 주거 부분으로 구성된 건물이다. 헤이리의 건축 내규에 의해 형성된 띠 모양의 형태를 하고 있는 평면은 선적인 평면 구성으로 공간의 깊이와 다양성을 갖추고 있다. 등고선을 따라 형성된 완만한 경사를 따르며 조성된 대지에 앉혀진 〈이비뎀〉은 육중한 매스로써 관자의 흐름에 맞춰 무리 없이 외곽선을 형성하고 있으며, 절개된 부분을 통하여 내부로의 관입과 이동을 유도한다. 반면 낮은 등고의 반대편측에서 바라본다면 주 출입구보다는 비교적 관대하게 개구부가 허락되어 출입구 쪽의 파사드는 거대한 하나의 콘크리트가 형태의 주체가 되고 있다. 그와 달리 정원의 파사드는 콘크리트 덩어리가 조각적 역할을 하는 것으로 축소되었다. 프로젝트마다 독특한 제목을 붙이고 있는 김헌의 헤이리 작품 이름을 '같은 곳에' 라는 의미를 지니는 '이비뎀' 으로 제목을 정한 이유와 의미는 작가로부터 직접 듣기 전에는 알기 어려울 것이다. 그러나 그 의미로부터 김헌은 '장소'의 개념을 떠올리고 있음을 확인할 수 있고 거기에 대하여 격(格)과 격(隔)의 개념을 부가하고 있다. 장소가 갖추어야 할 격(格), 정적이고 느린 것에서 발견되는 시간의 격(格)을 건축의 기본적 개념 조건이라 한다면 〈이비뎀〉이 소장, 전시해야 할 대상물의 격(格), 커뮤니티의 격(格)을 기능적이고 사회적인 조건으로서 언급하고 있다고 할 수 있다. 아울러 도시로부터의 격(隔), 즉 막을 두는 것, 혹은 멀리하기는 장소적 틈 벌임과 거리두기, 혹은 공간의 나눔으로 이어지고 있다. 언어의 마술을 부리고 있는 김헌으로서는 격(格)과 격(隔)은 동음이의어일 뿐이다. 같은 곳에 쓰여 공존하지만 사뭇 다름이다. 그러나 그런 기본적 조건은 궁극적으로 건물 내에 한데 융화되어 하나로 합쳐지고 있다.

〈이비뎀〉

Ⅲ

헤이리 계획에서는 전통적 단지 계획 및 건축 계획에서 볼 수 있는 위계 또는 중심성은 의도적으로 흐려지고 있고 건축 및 주위의 경계를 허물어 자연과의 접촉, 이웃과의 커뮤니티 도모 및 공간적인 여유감을 주고 있다. 이러한 배경으로부터 출발하여 단지 계획에 있어 건축물이란 땅과 장소를 건축의 내부로 품을 뿐만 아니라 특정한 성격을 지니는 기념비적인 오브제로 다루어지는 것이 아닌 그것의 연장, 즉 지형, 식생, 생태 등 모든 환경에 적응시켜 일체를 이루는 것을 의미한다. 따라서 헤이리에 건설되는 건축은 원칙적으로 오브제로서 존재하기보다는 탄탄하고 완벽하게 짜인 직조의 한 요소처럼 존재하도록 의도되었다. 이러한 이유로 인하여 개념상 헤이리는 생태적 측면에서의 고려를 당연히 정당화할 수 있었으며, 인위적인 건축 행위를 자연과 함께 융합하고 어우러지도록 조화를 이루는 것, 그리고 불확정적인 프로그램으로 인하여 발생할 다양한 여러 안들을 결합하고 수용할 수 있는 융통성을 공간과 구조 속에 열어놓는 것이 가능하게 되었다.
헤이리의 지형은 6개의 산줄기가 마을로 진입하고 있으며 그 사이로 계곡들이 형성되어 있다. 가장 낮은 곳과 높은 곳의 표고차가 약 100미터 정도 되는 단지의 필지는 대체로 산자락과 평야에 위치하며 중심지에는 수계가 모여 늪지 등도 형성되어 있다. 계획안에 의하면 하부 시설 등 인공의 요소를 가능한 한 한데 모아 자연의 영역을 넓게 확보하려는 노력이 나타난다. 이러한 노력은 캐치프레이즈였던 생태 마을의 기본 개념과 연결된다고 할 수 있다. '생태' 는 서양으로부터 전래된 에콜로지(ecology)를 우리말로 풀어 쓴 것으로 번역된 우리말의 직설적 의미는 삶의 태도 등을 지시한다. 이것을 연장시켜 풀어보면 생물 삶의 모양, 태도 등을 가리키며 우주적인 함의를 발견할 수 있을 것이다. 서양에서 쓰이는 에콜로지는 어원상 오이코스(oikos: 집, 주거)로부터 유래하며 인간이 갖는 모든 존재의 상태를 포함하는 환경과 유기체와의 관계를 다루는 학문, 태도 등을 지시한다. 다른 의미를 가진 에코노미(economy) 역시 오이코스로부터 파생된 단어임을 고려할 때, 에콜로지의 실현이란 자연에 대한 최소한의 간섭으로써 최대한의 효율적 인간 활동과 환경을 보장받으려는 경제적 노력이라는 점에서 당연히 청교도주의 등에서 볼 수 있는 절제를 바탕으로 한 윤리적 사항이 됨을 알 수 있다. 궁극적으로 헤이리에서는 인공과 자연, 간섭과 자유방임 사이의 갈등 등으로 인해 발생하는 모순 상황 및 조건 속에서의 조화 추구가 건축가 및 단지 계획자들에게 윤리적 차원에까지 고양된 주요한 임무이자 과제이기도 하다.

헤이리는 이전의 건축가들이 고착적으로 사수하던 기능주의적, 합리주의적, 이성주의적 사고를 흔들어 시각적 연출을 중시함으로 감각적이고 낭만적인 양상을 다분히 보이고 있다. 최초의 가이드라인에는 지형을 따르는 원활한 움직임과 그에 따른 시각의 변화를 위하여 단지를 형성하는 요소로서의 건축물을 네 가지 유형으로 규정하고 있다.

첫째, 평면을 살펴볼 때 가장 먼저 눈에 들어오는 선형의 건물 유형(bar-type)은 합리주의적이고 이성주의적인 오브제 중심의 시각으로부터 떠나 우리의 전통적 자연관 및 건축, 도시관의 주축을 이루며 서양에서는 반고전적(反古典的) 태도로 알려진 소위 지테(Sitte)식의 유기적이고 맥락적인 회화적(malerisch) 시공간의 연출 및 기존 환경의 존중 사상을 볼 수 있다.

둘째는, 독립적인 각 개 건물의 가소성을 충분히 발휘할 수 있는 오브제 유형(objet-type)으로서 필지 조건상 선형의 조직에 속할 수 없는 곳 등에 적용되는, 건물의 형태를 강조할 수 있는 조건이 되어 건축가들로 하여금 일관된 통일성을 벗어나 독자적인 뽐냄을 실현할 수 있는 문을 열어 놓았다.

셋째는 포디엄 유형(podium-type)으로 경사지나 굴곡진 지형에서도 파사드의 연속성을 이룩함으로써 시각적 연속성은 물론 전체 단지의 통일감을 이루기 위한 방법이다. 건물 하부를 포디엄, 즉 토대를 조성하고 그 토대는 견고한 재료로써 구성되며 상부의 건축물은 비교적 경량 철골 등의 구조를 권장하고 있다.

마지막으로 게이트 하우스(gate house) 개념으로 주거지 단지를 주머니처럼 만들고 입구를 단일화하여 컨트롤과 프라이버시가 보장되는 폐쇄성을 이끌어 내고 있다. 이러한 단지 계획 차원에서의 기본 개념을 토대로 하여 한국을 대표하는 작가들의 작품이 공간을 채우고 있다.

헤이리에 작품을 건설한 기성 건축가군은 대체적으로 한국의 건축 토양에 굳게 자리 잡은 사람들로서 일단은 정통의 모더니즘으로부터는 거의 모두 일탈한 사람들이다. 그럼에도 불구하고 그들의 건축 언어는 모더니즘의 자취가 아직도 남아 있으나 적어도 억압적인 그 폐해에 대하여 잘 인식하고 있으며, 그들의 작업은 자신들이 이미 취득한 언어를 한층 높게 고양함으로 도출된 것들이다. 그들의 작품 행로를 살펴보면 일관된 직선적 노선이 나타난다기보다는 끊임없는 탐구로 인한 지그재그형의 자취로 이루어짐을 종종 발견할 수 있어서 신진 그룹과 마찬가지로 고정된 정착성(定着性)은 찾아보기 힘들다. 또 다른 양상은 비록 극소수이긴 하지만 전형적인 고전주의 언어를 정확하게 구사하고 있는 경향이다. 고전 건축, 즉 역사 내에서 정전(正典)을 찾고 이를 참조하는 경향으로 과거로 회귀하곤 하는 양상을 보이지만, 엄격한 조형성과 건축 언어, 문법에도 불구하고 훌륭한 공간성과 조형성, 그리고 전통적인 플라토니즘적 경향을 보이곤 한다. 세 번째로는, 해체적인 작품의 경향을 보이는 사람들로서 작품은 현대 사상, 철학, 미학 등이 거론하는 사항을 작품으로 잇고 있다. 마지막으로 첫 번째의 그룹에 포함시킬 수도 있지만 세 번째에 언급한 그룹의 정신을 첫 그룹보다는 한층 더 공유하고 있는 사람들로서 상당히 실험적인 작품들을 모임으로 순수한 건축적 파악보다 예술적 시각으로 이해함이 한층 더 수월하곤 하다. 이런 배경을 가진 헤이리의 건축물은 한국 건축의 상황을 대표적으로 나타내고 있으며 한국 건축, 그리고 각 건축가의 정체성과 진정성에 관한 물음, 외래 문화로부터 확립된 건축 문화 중 올바른 구현에 관한 내적 질문, 그리고 생각과 의도의 구현에 관한 현실적 노력과 좌절, 지치지 않는 희망 등이 담겨 있다고 할 수 있다.

H

eyri Architecture works

고막원

Go-Mak

권문성, 이경락 Kwon, Moon-Sung / Lee, Kyung-Rak

점잖은 노부부는 꽃을 키우며 살고 싶다 하였다. 온실이 필요했고, 꽃이 있는 찻집을 만들어 운영하고 싶어 하였다. 자식들이 손자를 데려오면 자고 갈 방과 시를 쓰는 부인을 위한 서재가 있으면 되겠다고 하였다. 처음부터 집을 완성할 때까지 집에 대하여 많은 요구를 하지 않았지만 너무 특별한 집이 지어지면 부담스러울 거라는 느낌을 말없이 알려주었다.
집이 지어진 대지는 헤이리에서 가장 큰 집이 분명한 촬영 스튜디오 바로 옆에 붙어 있었다. 커다란 덩치가 부담스러웠지만 동북쪽 대지 대각선 방향으로 푸른 언덕이 보이는 것이 그나마 다행이었다. 북쪽 길 건너편 빈 땅에도, 또 동쪽과 동북쪽에도 머지않아 들어서 주위를 둘러쌀 건물들을 생각하면 이 집이 갖게 될 열린 시야는 길가를 따라 만들어 질 수밖에 없을 것이었다.
헤이리 마스터플랜에서 제시된 조건을 따라 북쪽 길에 연이어 기다랗게 만들어 질 직방체의 건물이 될 것이라 생각하였다. 2층에 주택이 들어가게 될 것이니 좁고 긴 매스에 담게 될 주택의 특별한 형식이 어떻게 될 수 있는지 처음부터 궁금하고 또 걱정되었다. 여럿이 함께 사용하는 1층의 문화 공간에서 프라이버시를 보호해 주어야 할 2층의 주택으로 이어 올라가는 계단 위치와 그 중요도를 정하는 일도 쉽지 않아 보였다.

마당과 함께 쓰게 될 1층에는 찻집과 꽃을 키우게 될 온실, 주차장 등을 놓았다. 마당일을 하며 잠시 쉬기도 하고, 부모를 찾은 자식들이 좀 더 편하게 독립하여 머물 수 있는 작은 방도 하나 만들었으며, 찻집의 손님이 주로 사용할 화장실도 만들었다. 2층은 주택이다. 평소 건축주 두 분만 지내는 집이니 적적한 느낌이 덜 들도록 만들어야 했다. 기다랗게 이어져 하나의 공간인 거실과 식당은 언덕이 보이는 동쪽 끝에 놓았다. 이곳은 밖으로 탁 트인 곳으로 북동쪽 언덕을 볼 수 있으며, 마치 정자에 앉아 있는 느낌이 드는 장소이다. 방석을 놓고 쓰는 한식 거실의 느낌으로 사용되기에 편리하도록 만들었다. 조금 안쪽으로는 TV를 소파에 앉아 볼 수 있는 양식의 거실로 사용하게 될 공간이다. 길게 열려 있는 거실을 벽난로 뒷벽으로 공간을 부드럽게 나누고, 벽난로 벽에 기대어 이어지는 크고 긴 탁자를 놓아 식당으로 사용되도록 만들었다. 남쪽에는 부엌이 가로막고, 북쪽으로는 발코니 공간으로 감싸여 외부의 많은 빛이 직접 들어오지 않는 곳이다. 이곳에 천창을 만들어 위에서 내려오는 빛이 은은하게 머무르기도, 또 강한 한 줄기 빛으로 떨어질 수 있도록 하였다. 서쪽으로 곡면의 콘크리트 온실 벽이 보이고, 벽에 수평으로 좁게 난 창으로 온실의 기운이 스며들게 만들었다. 식탁은 10명이 넘게 앉을 수 있도록 길게 만들었으므로 신문도 보고 작업도 할 수 있는 넉넉한 장소가 될 것이다. 탁자의 현관 쪽 끝으로는 꽃이나 풍성한 식물이 담긴 화분을 놓기 편하게 낮은 단으로 한 번에 휘어져 연속된다. 미송 2"x4" 각재를 붙여서 제작하였다. 굳세고 역동적인 느낌이 드는 그 공간의 주인이 되는 탁자가 되길 바랐다. 이렇게 거실과 식당은 각기 다른 세 가지 성격의 공간 영역으로 구분되면서도 하나가 된

Won

E-52 Heyri House

An kindly old married couple said that they want to live growing flowers, for that, a green house is needed and to have their own coffee shop with flowers. They asked an additional room for their son's family to stay when they visit and the other one for the wife to write poem. They didn't ask for many things until finishing the house but I knew that if the house looked special, it would be too burden to them.
There was a big movie studio next to the site. That was too big to obstruct the west view. But there was a good thing that we could see a hill in cross direction from northeast. After all, the house will have view along the street.
According to Heyri Master plan, the building will be a rectangle. I was worried and wondered from the beginning how a two-story house would be fitted with particular form in such a narrowed long space and also it seemed not easy to decide where to be located and its priority, those stairs would connect between the first floor which would be sharing by many people as a cultural space and the second floor which should protect the couple's privacy.

We placed the coffee shop, the green house and parking lots on the first floor that will share the garden. We made not only a small bedroom where their son can stay comfortable but also a toilet for coffee shop. The second floor is residential space. The living room and kitchen is placed in one space, the end of the east side of the house seeing the hill. It is used as the space to watch TV sitting in the couch. The linear shape of living room has a long table which is used as the dining. This place is obstructed by the kitchen on south and surrounded by the balcony on north, so not much light comes in. We made ceil to have faint light can stay in or a strong ray. To the west you can see the curved concrete wall of the green house and warm air comes through horizontal narrowed window on the wall. In this way, the living rooms and kitchen is separated in different concept but like one place.

In the center of the house, the conic green house is placed. It is like pinned in the building and leans on one side opening. Even if some part of the building is shield with the wall facing the street, the conic green house is seen from any direction and big entry hall located in it. The flowers will make the coffee shop green and fresh. The garden on north is

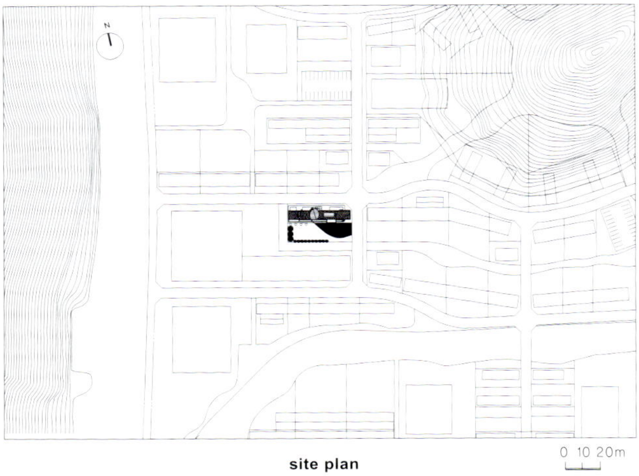

site plan

설계사무소 (주)건축사사무소 아뜰리에17 **설계담당** 하장곤(PM) **위치** 경기도 파주시 탄현면 법흥리, 헤이리 아트밸리 E-52 **지역 · 지구** 준도시지역, 시설용지지구 **용도** 단독주택 및 제1종 근린생활시설 **대지면적** 783.90㎡ **건축면적** 305.95㎡ **연면적** 398.63㎡ **조경면적** 383.72㎡ **건폐율** 39.03% **용적률** 50.85% **규모** 지상 2층 **주차대수** 3대/법정주차대수 2대 **구조** 철근콘크리트조 **내부마감** 바닥- 온돌마루, 벽- 석고보드 위 수성페인트, 천장- 석고보드 위 수성페인트 및 미송합판 위 투명라커 **외부마감** 노출콘크리트, 드라이비트 **준공기간** 2004. 5. 11~2005. 1. 8 **인테리어** 아뜰리에17 **구조** 주식회사 단 · 구조(02-564-2165) **기계** (주)대오엔지니어링(02-2247-7510) **전기** (주)신한전설(02-2675-1097) **설비** 동호환경(02-2213-9998) **시공** (주)제효(02-384-7744)- 현장소장 최동수 **감리** 아뜰리에17 **건축주** 한재길, 임지수 **사진** 문정식(011-392-7405), 이기환(016-239-9-49) **홈페이지/이메일** www.a-17.com/kwon@a-17.com **연락처** 02-2057-1710(아뜰리에17)

Architect's office Atelier17 Architects & Associates **Design staff** Ha, Jang-Gon **Location** E-52 Heyri Art Valley, Beopheong-Ri Tanhyeon-Myeon Paju City Gyonggi Province, Korea **Region district** Semi-Urban Region, Facility Lot District **Use** Residence, Coffee shop, Green house
Site area 783.90㎡ **Building area** 305.95㎡ **Grass floor area** 398.63㎡ **Landscape area** 383.72㎡ **Building coverage** 39.03% **Floor area ratio** 50.85% **Parking capacity** 3cars **Building scope** 2F **Structure** R.C. **Interior finishing** Floor- Ondol flooring, Wall- W.P. on Gyp. board, Ceiling- W.P. on Gyp. board **Exterior finishing** Exposure concrete, Drybit **Construction period** 2004. 5. 11~2005. 1. 8 **Interior design** Atelier17 **Structural design** Dahn Engineering Co. Ltd. **Mech. design** Dae-O Engineering Co. Ltd. **Elec. Equip. design** Shin-Han Elec. Equip. Co. Ltd. **Construction** JEHYO Industry(Site major director Choi, Dong-Soo) **Supervision** Atelier17 **Client** Han, Jae-Gil/ Im, Gi-Soo **Photographer** Moon, Jeong-Sik/ Lee, Ki-Whan

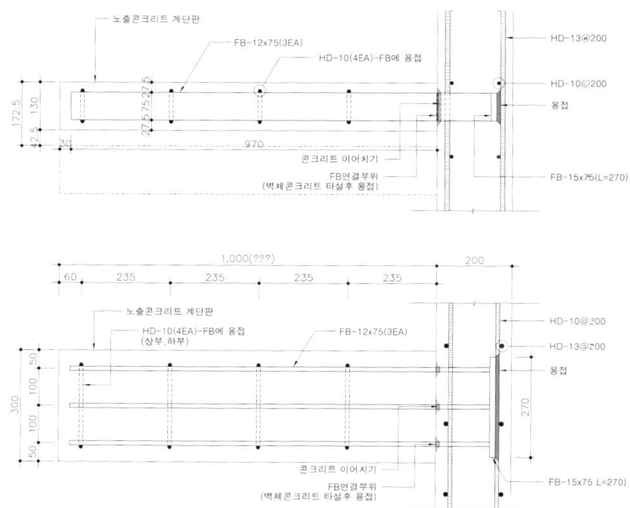

stair detail of greenhouse

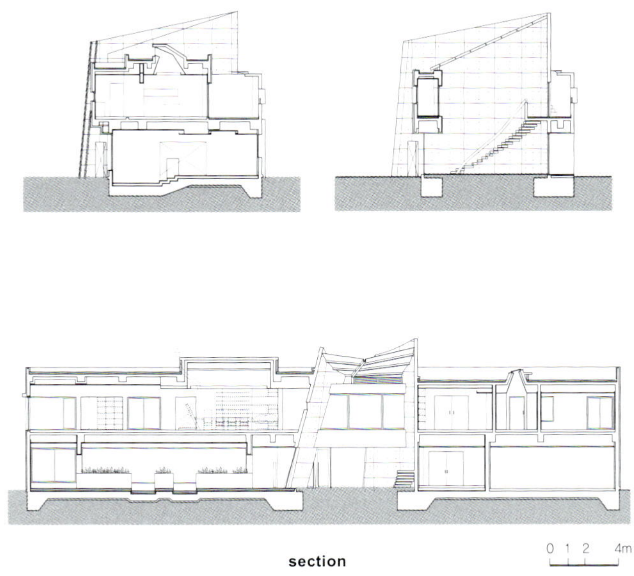

section

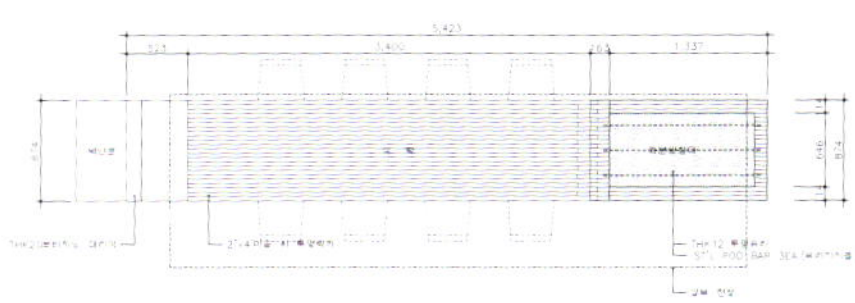

table & fireplace plan

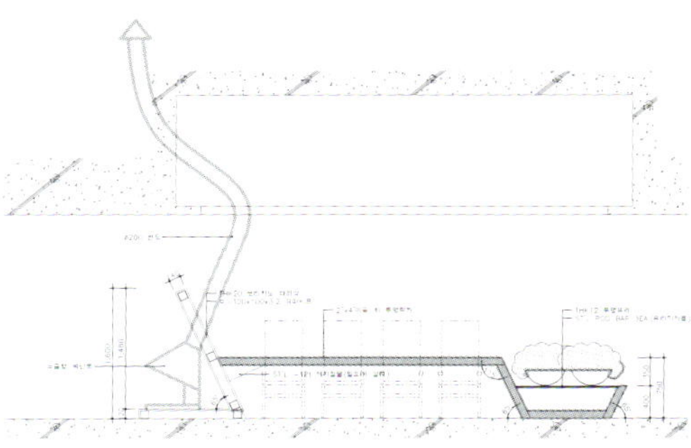

table & fireplace elevation

다. 남쪽에 놓은 부엌은 이것저것 늘어놓고 지내도 마음 쓰이지 않도록 조금 숨겨놓은 곳이라는 느낌이 들도록 하였다. 키가 크지 않은 안주인의 눈높이에 맞게 부엌 창을 낮게 달았다.

집 중앙에 위가 잘려나간 원뿔 형태로 온실을 만들었다. 남쪽 하늘을 향해 비스듬히 열려 건물에 꽂혀 있는 모습으로, 남쪽으로는 원뿔의 한 쪽이 펼쳐져 있는 모습이다. 비록 도로에 면한 벽체에 일부가 가려져 있기는 하나 어디에서도 잘 보이고 집안 어디에서도 잘 느껴지는 형태이고 또 공간이다. 온실은 주택의 커다란 바깥 현관이 되고, 찻집을 드나들며 가장 눈에 잘 들어오는 위치이다. 온실에 심어진 나무와 꽃으로 찻집의 플랜트 박스에 심어진 꽃들과 함께 찻집을 푸르게 만들어 줄 것이다. 도로에서 온실을 통해 남쪽의 집 마당이 훤히 열려 보이게 하였다. 빛으로 가득 찬 온실에 들어서면 2층 주택으로 올라가는 계단이 보인다. 계단은 한 단 한 단을 온실 콘크리트 벽에 가볍게 꽂아놓은 모습이다. 계단을 따라 1층 바닥에서 2층 난간의 위까지 용틀임하는 듯 휘어져 단숨에 올라가는 난간은 다른 지지물 없이 쇠파이프로 만들었다. 부드럽게 돌아가는 온실 콘크리트 벽에 남겨진 거푸집지지 콘크리트 구멍의 나사에는 화분을 걸 수 있는 고리가 달리고 벽 곳곳이 푸르게 채워질 것이다. 온실 천창 유리를 지지하는 철물은 정남북 방향으로 놓여져 배수를 담당하고, 또 거대한 해시계처럼 온실의 곡면 벽에 시간에 따라 강한 그림자를 드리울 것이다. 콘크리트 벽면이 하늘로 이어져 올라가는 느낌이 유지되도록 벽면과 만나는 유리는 콘크리트 벽에 프레임 없이 스미도록 만들어 졌다. 계단을 따라 2층에 올라 문을 열면 집으로 들어가는 현관의 작은 앞마당이다. 온실의 곡면 벽을 감싸 돌며 본체에서 돌출된 현관에 들어서면 식당과 거실 공간이다. 계속 곡면 벽을 따라 돌아가면 온실을 훤히 내려다 볼 수 있는 브리지가 나오고, 복도는 이어져 부인의 서재를 거쳐 부부 침실로 들어서게 된다.
도로에서 보아 원뿔의 온실을 두고 왼쪽으로는 거실-식당의 공용 공간이고, 오른쪽으로는 서재와 부부 침실의 사적 공간이 나눠지는 구성이다. 헤이리 마스터플랜에 따라 1층에서 깊게 뒤로 물러선 2층 매스로 기다랗게 발코니가 만들어 졌다. 도로 쪽 콘크리트 벽을 조금 높게 올리고 위를 접어 이들 발코니를 감싸게 하였다. 부부 침실도, 서재도, 거실도 각각의 외부 공간을 갖게 되니 주택이 1층의 흙 마당과 직접 닿지 않아도 섭섭하지 않으리라 생각된다.

마당은 원뿔의 곡면이 그대로 흘러나와 잔디 마당과 주인 부부가 가꿀 꽃밭을 나누게 만들었다. 아직은 꽃들이 어떻게 자리 잡아야 할 지 두 분도 잘 모르고 있다. 집이 완성되며 모든 것이 자리 잡아 그저 즐기고, 운영만 하는 꽃집은 아닐 것이다. 천천히, 느리게 꽃과 나무를 보며 서서히, 조금씩 제 자리를 찾아낼 것이라 믿어진다. 너무 많은 조언과 밑그림으로 두 분의 즐거움을 빼앗고 싶지 않았다. 근처에 짓고 있는 집이 있으니 가끔씩 찾아갈 것이고, 갈 때마다 조금씩 바꾸며 오래오래 집을 완성하며 사는 모습을 보게 될 것이다.
그려놓고도 의심되었던 온실 벽을 완성시킨 시공사 (주)제효의 이백화 사장과 최동수 소장을 존경하는 마음으로, 정말 고맙다는 말을 꼭 남기고 싶다.

easily seen from the street through the green house. When you get in the green house being full of the light, you can see the stairs going up to the second floor. The glass facing is made without frame to keep the feeling like connected up to the sky. When you approach the second floor, you can see a small garden. When you get in, there is the kitchen and living rooms. You keep going along the curved wall, there is a bridge leads to the master's bedroom passing by the wife's room. On the bridge you can look down the whole green house.
From the street the left space is the shared one of the kitchen and living rooms and the right space is the private one of room and bed room. The bed room, room, living room has their own outdoor space, the house does not need to reach to the ground.

After completing the house, all things are settled the house is not for just running the coffee shop and having a good time. After, I will see how they change and live.
I appreciate to JEHYO's chief Mr. lee and site major director Mr. Choi.

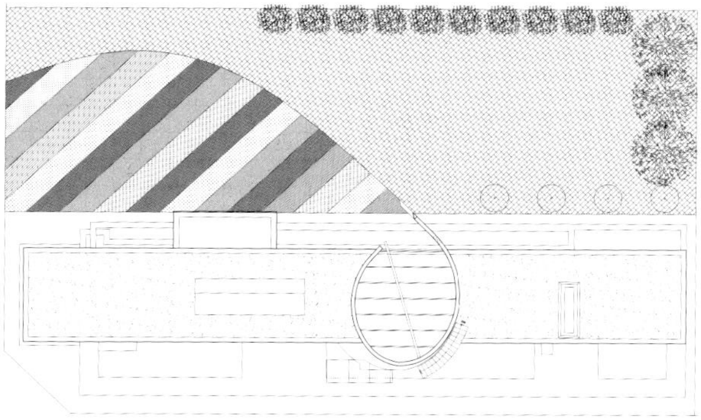

roof plan

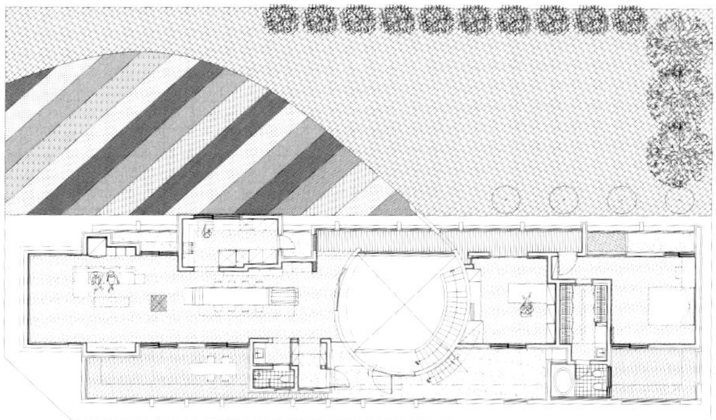

2f plan

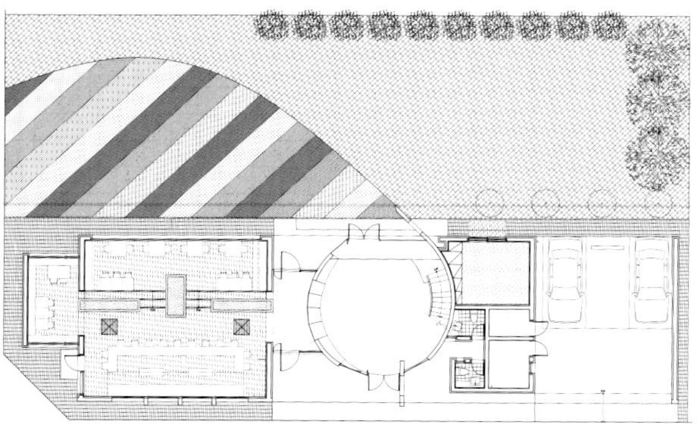

1f plan

이비뎀

ibidem

김 헌 Kim, Hun

격(格)

장소의 격. 건축 행위로 일컬어지는, 어떤 뜻하지 않은 자극이 일어나기 전의 장소는 그저 검붉은 표토로 겨우 자취만 알리고 있었던 처녀지(處女地)였다. 그럼에도 장소는 분명 전원적 트임의 심성으로, 한편으로는 일종의 단정함이랄까 등으로 읽혀질 만한 나름의 격을 취하고 있었다. 이곳에서의 건축 행위가 굳이 필연이라면 위의 장소적 격이 지닌 본질에 눈을 두기로 했다.

이비뎀(ibidem)이라는 라틴어가 작업의 총체적 단서로 마음 끝 어디선가 걸리게 된 순간도, 장소를 최초로 거닐던 어느 무렵이었다. '바로 같은 곳에(at the same place)' 라는 뜻을 갖는 어휘다. 이 작업의 건축적, 공간적 기획이 끝없이 비추어 보아야 할 깊은 우물의 수면이기도 하다. 〈이비뎀〉은 건축이 장소의 격에 무심코 가할 지도 모를 흠을 되도록 줄이고, 제한된 표정과 언어들을 헤아려 쓰기 위한 가이드라인이 되는 셈이다. 과언(寡言)의 정서와 고요한 시선과 낮은 음성의 서사로. 좀더 물러선 시야로 둘러보면 헤이리란 이 마을은 곧 유사한 프로그램과 비슷한 규모의 무기물 덩어리들이, 그들의 변종들이 버섯처럼 피어올라 덮어버릴 캠퍼스이기도 하다. 까마득한 시간을 숨죽여 견뎌오던 이 영역의 원시성이나 야성을 지그시 누르고 이의 가상 면 위로 새로운 규격(規格)의 선들이 이미 그어진 바 있으며, 이를 기준으로 조심스러우나마 외과적 수술들이 진행되고 있음을 우리는 안다.

개체들에게 있어서는 각기의 국지적 시술에 따른 일정한 내용에 대해서 일정한 약속을 지키는 격을 갖출 필요가 있는 것이다. 또 식음(食飮: 카페 시설)과 문화적 행위(전시시설)와 전원적 삶(3층 주거) 등으로 연계하는 프로그램은 한 장소에 세 가지 다른 패턴의 공간적 이벤트들이 직조하면서 마찰한다. 오히려 이들의 마찰을 통해 다채로운 격의 장(場)을 발생키 위한 기획에 초점을 맞추려 했다. 결국 이 공간에서 발생하는 경험이나 시간의 격이란 각기 정적(靜的)이고 충분히 느림으로 그득한 어떤 것들이리라 자연스레 규정되었다. 한편 고요함과 느림이라는, 대상에 대한 경험의 주된 본성이 시간을 두고 공간의 안팎에 스며들어갈 길을 고루 터주는 일이 작가의 몫으로 남는다. 물론 여기에 이 집의 주인 되는 인물의 격이 배어들 외관 이미지나 물질, 조형상의 제스처 또한 빠트리지 않고 묶어내는 과정도 더해진다. 존재의 격이 장소의 그것에 튜닝되어 가는 과정이랄까.

격(隔)

거리 둠. 대상들 간의 거리. 거리감의 테마는 이 작업을 통해서도 공간 조직과 관련한 기획의 중추에 심어진다. 장소가 발하는 본연의 언어들 내지는 프로그램 내부의 마찰들이 거리감과 연관한 하위 주제들, 또 이들의 번식을 다이어그램화 한다. 우선 도시로부터 떨어져(secluded) 있으나 도시의 문화적 습윤함만큼은 기록하려는 본능에 의거 뭔가 굴곡된 패턴의 공간적, 물질적 장치들이 이 전원적 건축에 조직되었다. 이는 건축이 도시의 다난

An integrated program of art gallery, retail, and a private residence, on a peaceful and quite secluded rural setting, called Heyri community near DMZ. This particular town called Heyri is supposed to be a collectively cultural community to accommodate mostly the connoisseurs and the patrons of arts as well as professionals including painters, sculptors, architects, musicians, film related personnels, writers, and publishers, etc. The residence at the top is designed and facilitated to be as a weekend retreat specifically for the journalist owner himself. Notably the art gallery space, which occupies the largest portion of the entire 6,000sq. ft structure, has a sectional flow through four different levels of different heights and figures. Consequently its interior configures the primary hollow space in this particular project integrating its own substances and conditions; interpreting spaces we experience in a wild nature such as gorge, glen, or valley. The covered 'loggia' at the middle deck of this structure suggests my idea of the secondary and open-air hollow space, possibly implicating a plateau in the nature, to accommodate various types of outdoor events and shows. Several types of buffer spaces(or spatial episodes) with different figures and contents had to be intervened among above-described three alienated, conflicting program spaces; such nature-oriented spaces as reflecting pools, sunken decks, deck bridge, and covered terrace(vertical buffer), etc. Most of the materials applied in this architecture had been carefully selected and treated to get gradually aged with signs of time lapse as those we see in nature.

This work might arguably be acclaimed for the moment as another chapter of my individual and continuous studies for the architectural statement in a intensely pristine context of the place. The studies are meant to pursue specific ways of subduing any conspicuous sense of occupancy stemming from the modernist languages of architecture which otherwise could easily become a conflicting figure to the idyllic nature of its surrcundings. In an effort, back at the initiative stage of the design, to relate the atmosphere of the site and my own impressions of the 'place' to the given program of the architecture, the latin word ⟨ibidem⟩, meaning 'at the same place', has conveniently and effectively come up as a thematic notion somewhere in my mind.

함, 자연의 고요함 어느 경험으로부터도 공히 거리(隔)를 두게 하려는 기획의 팽팽함이며, 때문에 예의 구축 언어상의 굴곡은 필연으로 몰아져 갔다.
소박한 규모의 몸체임에도 건축이 그 내부에 식음(食飮), 문화, 거주 등 다소 이질적인 세 프로그램들 간의 순탄한 동거를 꿈꾸는 한 이들 사이에 제법 두터운 인식상 틈(隔)의 삽입이 불가피하다. 이른바 공간적 에피소드라는 삽화가 일종의 프로미나드(promenade)의 형식으로 그 윤곽을 드러낸 채 물화(物化)될 필요가 있던 것이다. 외부와의 경계면, 또는 프로그램 공간들 사이에 격-자연(隔-自然: 편의상 머릿속에 지어낸 언어)이라는 이격 장치들이 삽입되었다. 최하층의 데크, 선큰 공간, 중간 레벨과 주거의 리플렉팅 풀(reflecting pool), 진입부의 데크 브리지, 2층의 일종의 로지아(loggia)형식의 외부 공간 등, 비록 즉물적인 틈(隔)의 공간들이나마 주요한 격-자연의 장치들이다. 특히 표층의 개구부들을 대신하여 다양한 크기와 방식으로 도려낸 네거티브 공간들, 바꾸어 말하면 부유(浮游)하는 형이상학적 공동(空洞: meta-hollow, 역시 임의로 지어낸 언어)들이 덧붙여 기획되었다. 또 다른 차원의 격-자연 장치라고 할 수 있다. 만일 이곳에서 장소와 이벤트의 건강한 힘들이 발생한다면 그 비워짐의 윤곽 안으로 이들이 촘촘히 고여 들 것을 기다리려는 의지이다. 여기서 또 한번 물러선 시야로 이 캠퍼스의 귀추를 예감하면, 그저 그만 그만한 내용의 구축체들이 걷잡을 수 없는 속도로 단지의 점유 밀도를 높여갈 것임을 우리는 안다. 그들로부터 어떠한 형식의 거리(隔)를 지속해서 유지할 때 추후 이 작업 본연의 아이덴티티가 덜 마모될 수 있을까. 사실 이에 대한 생각들이 마음속에 지금껏 자릴 잡지 못하고 있긴 하다. 끝으로 이 구축체가 소멸하는 순간까지 겪게 될 수많은 종류의 시간들을, 이의 메모를, 또 이들 시간의 스팬(span: 隔)을 견디게 될 공간과 물질들의 의미에 대해 생각하지 않을 수 없다. 이 장소에 발생하는 모든 추념할 만한 이벤트, 또는 가치 있는 이야기들이 어느덧 무연히 증발해버리는 대신 공간의 모든 면모에 빛과 물질들로 땀땀이 매듭지어 남게 하기 위한 그릇의 의미이기도 하다.
침묵 속에서, 가혹한 기후를 견디며 자신이 목도한 시간들을 증거하는.

The term implicates the 'place' as its own referendum, while suggesting a lot of variables in terms of imagining the future spatial events in and through this particular venue and program of architecture. On the other hand the thematic term ⟨ibidem⟩ should also evoke a spatial and material memoir, full of so many meaningful narratives this structure would witness throughout its entire life, enduring the harsh weather conditions in its own 'moments of silence'.

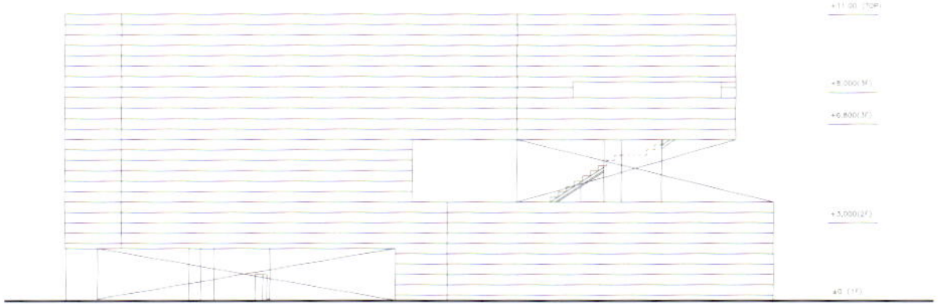

south elevation

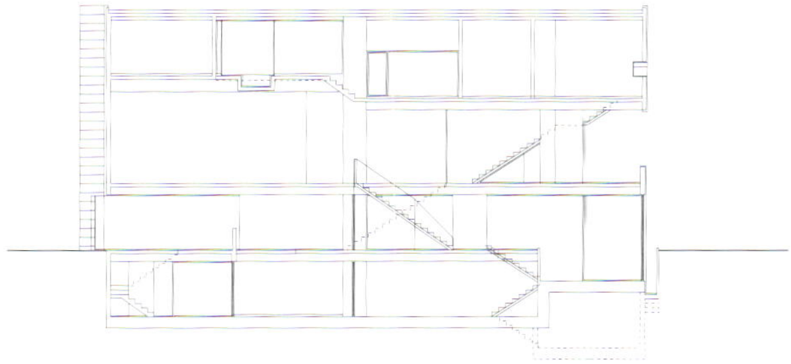

section

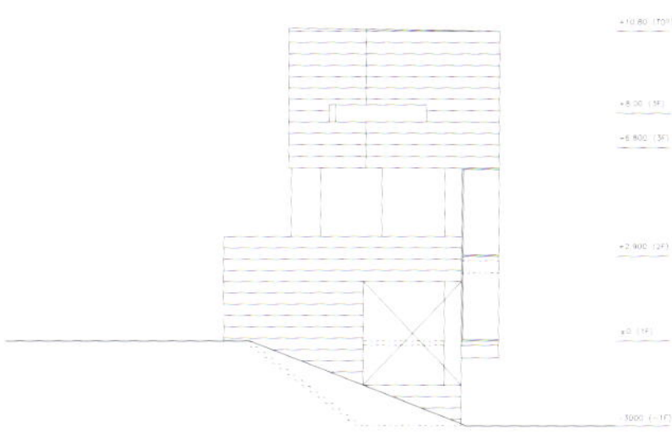

east elevation

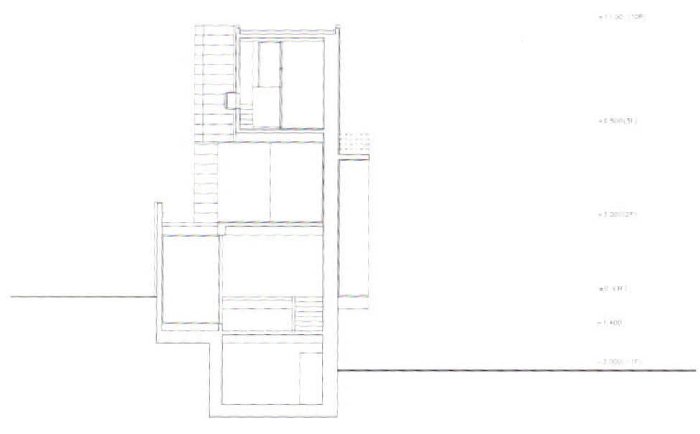

section

설계사무소 studio asylum **위치** 헤이리 아트밸리 H-8 **대지면적** 474㎡ **건축면적** 163.22㎡ **연면적** 480.61㎡ **규모** 지하 1층, 지상 3층 **설계기간** 2002. 6~2003. 3 **준공기간** 2003. 3~2004. 1 **사진** 박완순 **홈페이지/이메일** www.studio-asylum.com/studioasylum@naver.com **연락처** 02-547-9598, 02-540-4840(studio asylum)

Architect's office studio asylum **Location** H-8 Heyri Art Valley **Site area** 474㎡ **Building area** 163.22㎡ **Gross floor area** 480.61㎡ **Building scope** B1, 3F **Design period** 2002. 6~2003. 3 **Construction period** 2003. 3~2004. 1 **Photographer** Park, Wan-Soon

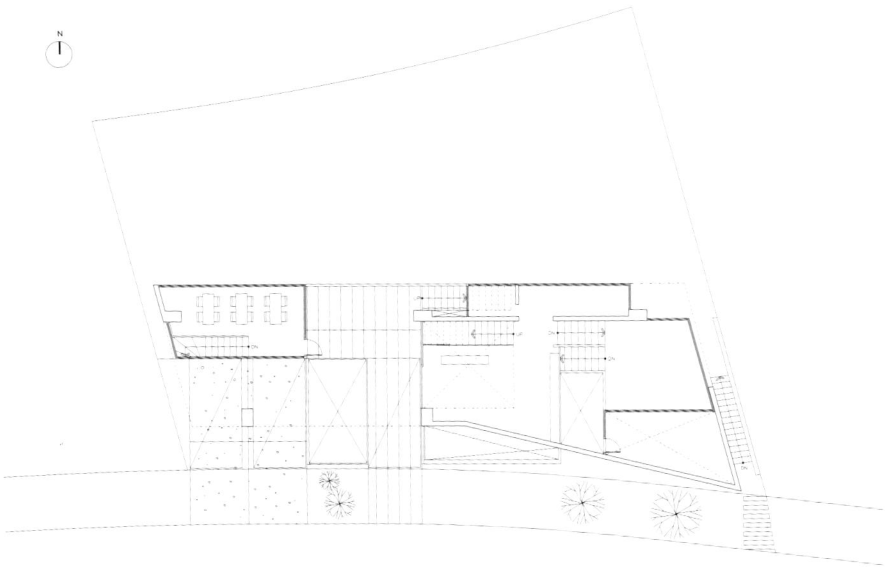

±0 level plan

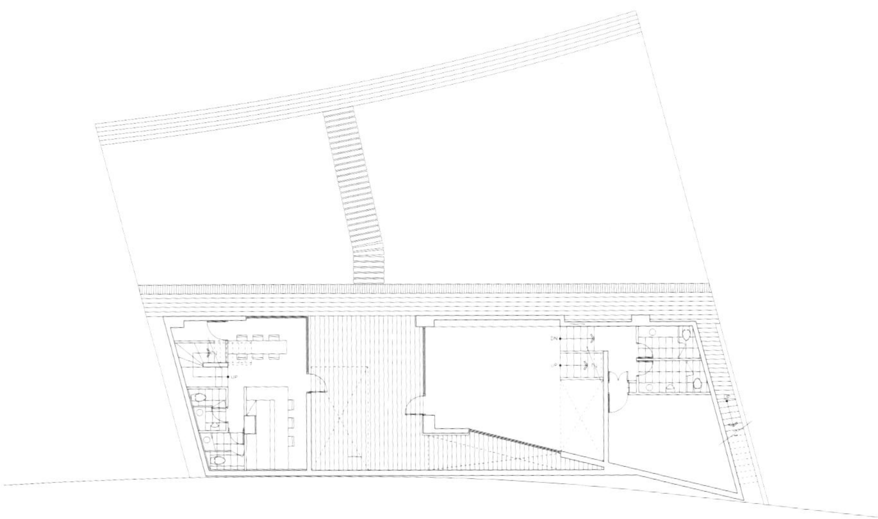

b1 plan

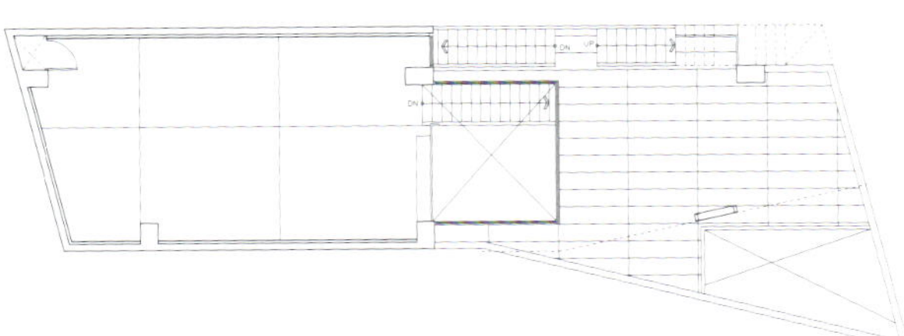

+3,000 level plan

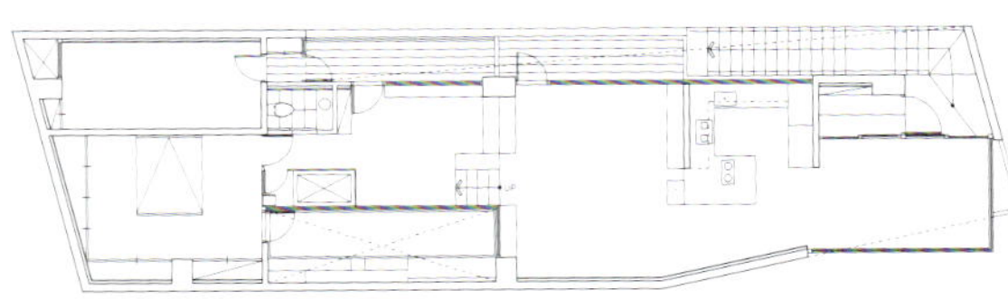

+7,800 level plan

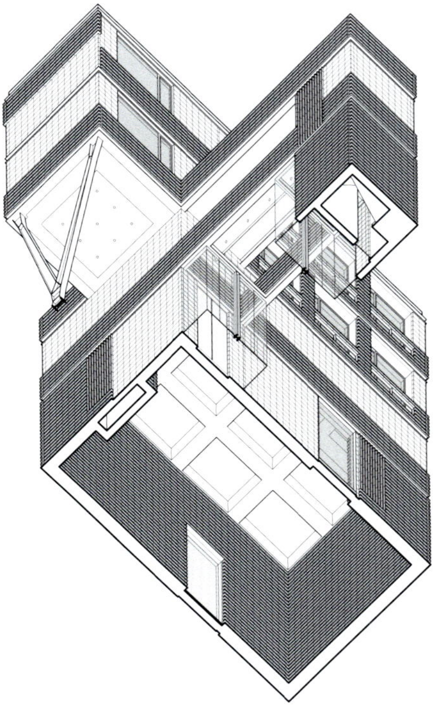

axonometric 0 1 3 5m

UV 하우스

UV

민규암 Q.M. Min

처음 헤이리 〈UV 하우스〉의 설계를 시작했을 당시, 내가 할 일이 별로 없는 것 같은 무기력감에 빠졌다. 이미 헤이리 단지 내에 자치적으로 만들어 놓은 단지 설계에 의해서 형태가 어느 정도 결정되어 있었고, 최대 용적률을 원하는 건축주의 압력에 건물 형태에는 거의 변화를 줄 수가 없었다. 특히, 극장과 그 상부 주택 부분의 경우는 매스 형태가 이미 결정된 것이나 다름없었다. 단지 남측의 저층부 진입 구조 디자인에서만 융통성을 발휘할 수 있는 상황이었다. 건물은 결국 두 층 높이를 갖는 연극 전용극장과 그 상부의 두 층의 주거 공간으로 단순하게 구성되었다. 거의 다른 선택은 불가능했고 아주 단순하게 최대 규모를 갖는 박스형의 디자인으로 결정했다. 이제 남은 것은 그저 외피를 설계하는 것만 남아 있는 것처럼 보였다.

처음부터 건축주는 4억 정도의 제한된 공사금액을 조건으로 달아놓은 상태였기 때문에 외장재로 콘크리트 블록을 쓰는 것은 불가피했다. 하지만 막상 디자인을 진행시키면서 고민에 빠졌는데, 그것은 내가 이렇게 단순한 박스형의 건물에는 전혀 익숙하지도 않고 스스로 선호하지도 않는다는 것이 문제였다. 정말 헤이리만의 자치적인 단지 설계가 없었다면 이 건물은 훨씬 더 복잡한 양상을 띄었을 것이라 확신한다. 어쨌든 위기는 새로운 도전

House

의 기회라는 생각으로 콘크리트 블록의 또 다른 새로운 가능성을 찾고 싶었다. 초기 안은 U형 블록과 일반 블록이 지금보다 훨씬 복잡하게 얽히게 하는 것이었는데, 막상 4층 높이의 건물에서 너무 복잡할 것 같아 지금의 안으로 많이 단순화하여 정리했다.

먼저 4층 높이의 각 층은 'ㄷ' 자 빔을 각 층 하부에 설치하고, 각 층의 콘크리트 블록 하중을 이것들에 전달하는 교과서적인 방법을 사용했다. 그리고 'ㄷ' 자 빔이 각 층을 구분하면서 동시에 전체적으로는 단조로운 입면에 활기를 불어넣는 역할을 하도록 했다. 한편 이 'ㄷ' 자 철재 빔이 각 층의 블록들을 잡고 있다는 강한 암시를 줄 수 있도록 2층 높이의 진입부 상부인 큰 개구부의 철재 빔 위에 독립적이면서 분리되어 쌓여진 U형 블록을 설치해서 단조로운 입면에 변화를 주었다. 한편 철재 빔과 같은 U형 블록의 띠를 각 층마다 설치해서 일반 블록과 대비되는 거칠고 음영이 드리워진 무거운 면들을 만들어 냄으로써 건물에 중량감을 실어 주었다. 특히, 1층은 모두 거칠게 면을 처리하여 마치 미켈란젤로가 팔라조 메디치 설계 시 적용한 러스티케이션(rustication)의 느낌과 같은 효과를 노렸다. 또한 이 거친 면은 어떤 광고물의 부착도 허용하지 않아 항상 건물을 깨끗하게 유지시킬 것이다.

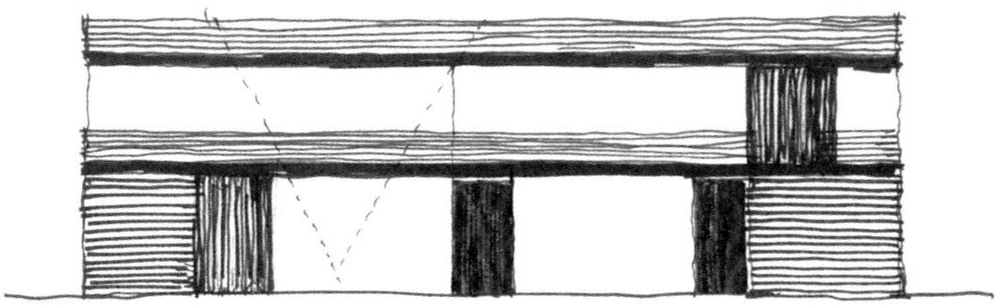

연극 극장 실내는 헤이리가 활성화된 몇 년 후에 설계 시공될 예정이다. 이곳 역시 U형 블록과 일반 블록을 같이 사용할 예정이다. U형 블록은 각각 4, 6, 8인치 폭의 다른 두께로 생산되므로 이것들을 섞어 쓰면 목재 코펜하겐 리브와 같은 음향 조절용 흡음재와 같은 역할을 하리라 기대된다. 극장 내부의 위치에 따라서 여러 블록들을 적절히 섞어 사용함으로써 적절한 잔향 시간을 갖는 음향 환경이 되도록 블록 재료만으로 구축할 계획이다.
보통 건축주의 경제적 요구에 의해서 블록의 사용이 결정되어져 왔지만 이 재료의 사용 자체를 내가 더 원했고, 그 사용을 즐겼는지 모르겠다. 이 중립적인 재료는 나 스스로를 설계 그 자체에 더욱더 몰입케 하고, 최신의 재료와 기술에 빠져서 건물과 설계 자체를 음미할 줄 모르는 편협한 설계관을 갖지 않도록 한다. 나는 가끔 공상에 빠진다. 만약 모든 건축가에게 동일한 프로젝트를 주고 블록만으로 설계하라고 하면 어떤 일이 일어날까? 정말 상상하는 것만으로도 즐겁다.

〈UV House〉 was originally designed as a theater for play. Additionally, the client of this building wanted to live together. Thus a house was added on the top of the theater. The main building shape was decided according to the Heyri Art Valley regulations and codes in the process of aquiring the maximum building size and volume. Concrete blocks were used for the exterior finish. From the first floor to the fourth floor, ordinary blocks and U-shape blocks were used repeatedly with 200x200 H-beams. The main entrance for the theater is located between the main building and the staircase for the house on the first floor and it creates a big opening to the nature and to the separate functions of the building, theater and house.

설계사무소 토마건축사사무소 **위치** 헤이리 아트밸리 F-40 **용도** 공연장, 주택 **대지면적** 490.67㎡ **건축면적** 214.49㎡ **연면적** 552.45㎡(용적률 산정 시 연면적: 431.44㎡) **건폐율** 43.71% **용적률** 87.93% **규모** 지하 1층, 지상 3층 **구조** 철근콘크리트조 **주차대수** 3대 **내부마감** 바닥- 우드플로어링, 벽 · 천장- 석고보드 2겹 위 지정 라커 **외부마감** 콘크리트 블록 치장 쌓기 **설계기간** 2002. 5~2002. 11 **준공기간** 2003. 5~2004. 10 **구조** 조정민 **전기** 한일MEC **기계** 한일MEC **시공** (주)제효 **사진** 이재성, 김용관 **이메일** architoma@korea.com(토마건축) **연락처** 02-782-0553(토마건축)

Architect's office TOMA Architects **Location** F-40 Heyri Art Valley **Site area** 490.67㎡ **Use** Theater, House **Building area** 214.49㎡ **Gross floor area** 552.45㎡ **Building coverage** 43.71% **Floor area ratio** 87.93% **Building scope** B1, 3F **Structure** R.C. **Parking capacity** 3 cars **Exterior finishing** Concrete block **Design period** 2002. 5~2002. 11 **Construction period** 2003. 5~2004. 10 **Construction** JEHYO Industry **Photographer** E, Jae-Seong/ Kim, Yong-Kwan

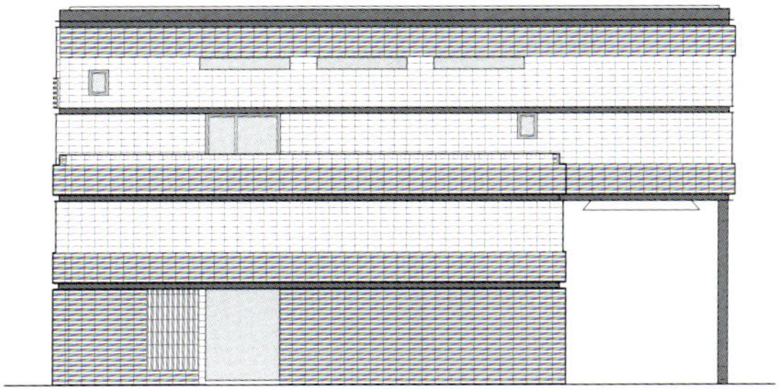

north elevation

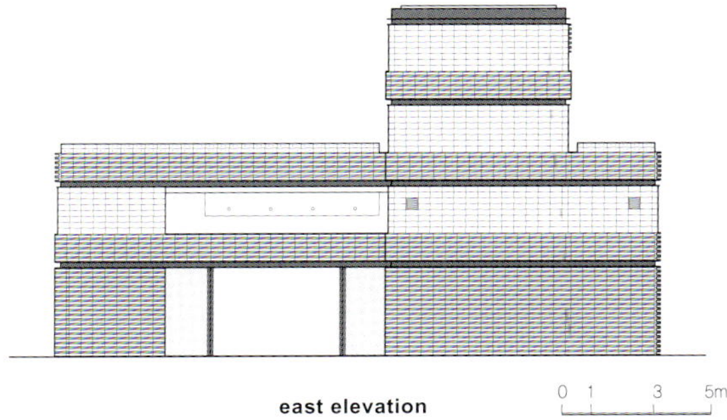

east elevation

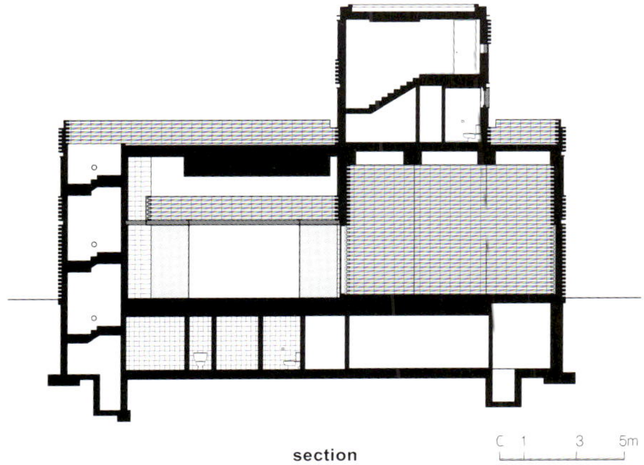

section

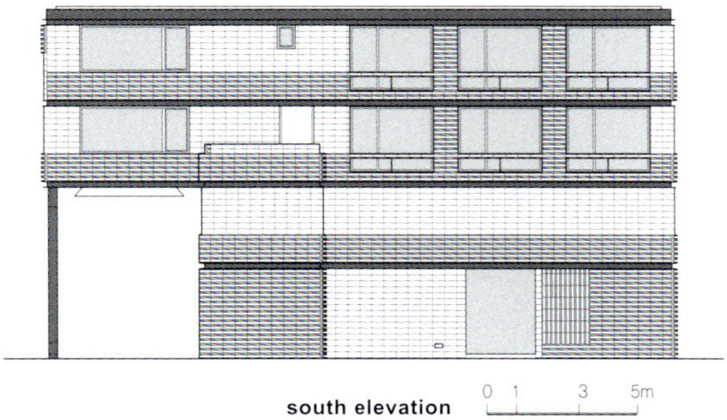

south elevation

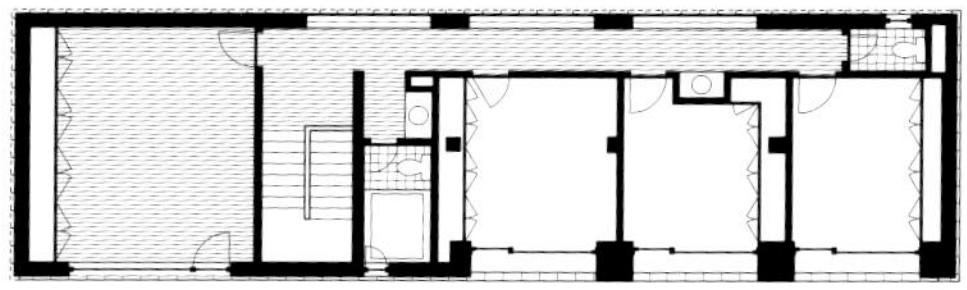

3f plan

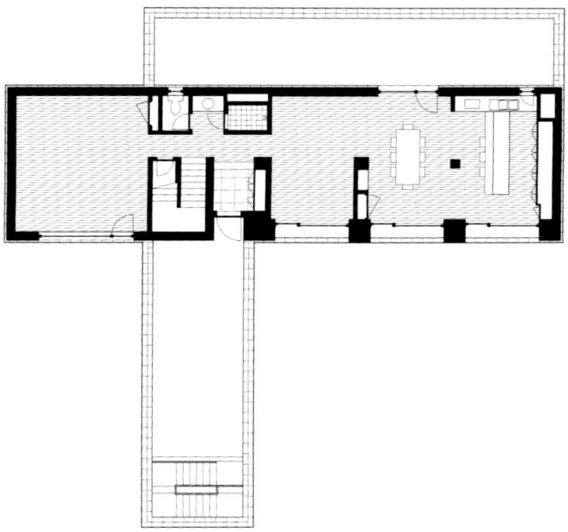

2f plan

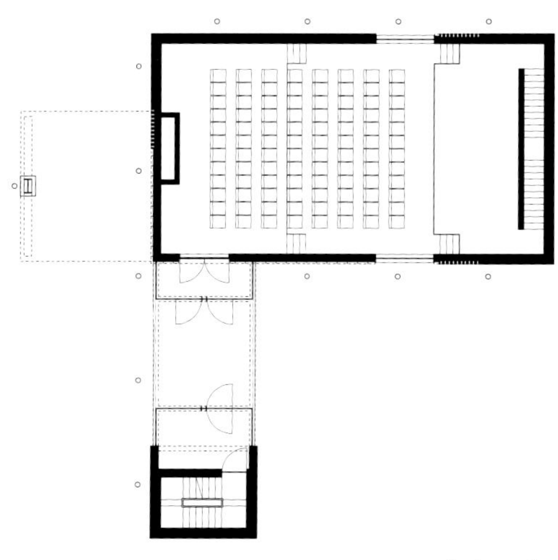

1f plan

0 1 3 5m

이 건물은 불교 문화원으로 다목적 홀과 서적 판매를 위한 북 카페 그리고 "야단법석"으로 비교적 단순한 프로그램을 갖고 있는 건물이다 헤이리 동남측의 작은 능선 끝 지점과 중앙의 늪지 사이에 위치한 이 프로젝트는 에지(edge) 문제, 즉 경계에 대한 해석으로부터 출발한다. 이 프로젝트에서 경계는 처음부터 존재하는 것이 아니라 흐름의 한 부분을 점유하는 것으로, 흐름은 점유 공간 안으로 관류시키는 것으로부터 시작하였다.

우리 눈에 보이는 것과 사물의 본질은 서로 떨어져 있는 것이 아니라 하나의 상호관계 속에 존재하는 것이다. 이 건축은 내부와 외부 양자 사이의 도덕적 관계를 형성하고자 하는 인본주의적 가정을 전제로 하지 않았다.

담고 있는 것과 비어진 것 사이의 의도적인 해체는 시간적 은둔에 불가한 내부 공간 개념을 벗어나기 위함이다. 따라서 내, 외부 공간의 공간적 투명성보다는 모호함을 지향한다. 외부는 시간에 따라 인간이 점유하는 내부이다.

〈후명원 만묘루〉의 참 모습은 "시간에 의해 기울어져 있는 비결정성의 자연스러움이다." 합리적 공간의 확정성은 인간의 인식 내에만 존재하는 것이다. 모든 것은 의식되지 않는 어떤 관계에 의해서 발생되는 것이다.

후명원 만묘루

우경국 Woo, Kyung-Kook

Hu-Myu

This, Buddhist cultural center include multi purpose hall, book store and "yadanbubsuck". Sited on the periphery of south-east ridge and swampy area of Heyri art valley. The project begins with problem of edges and understanding of boundary. My intention was making a place where flowing through possessed space need to hold the specific area because there was no boundary. In this way, visible and invisible are not the matter of physical distance, it exist on interactive mind. May be I didn't want to have humanistic space nor moralistic relation through external to internal space. I forcefully destruct emptiness and fullness to escape from hidden inner space. My cognitive intention was that create indeterminate space rather than obvious space. This building, 〈Hu-Myung Won, Voidium〉, aims at natural beauty of nondeterministic form through time to time. Settlement of rational space only exist human consciousness. All the matter of life begins from spontaneous interaction.

Vodium

ng Won

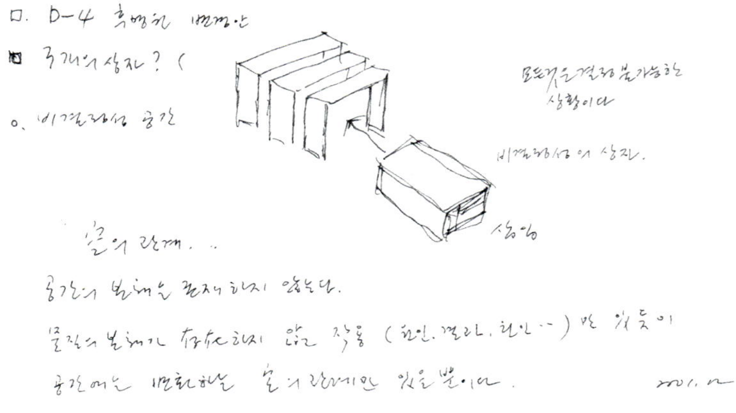

설계사무소 (주)예공아트스페이스건축 **설계담당** 김의기, 박상덕 **위치** 헤이리 아트밸리 D-4 **용도** 문화 및 종교시설, 근린생활시설 **대지면적** 942.10㎡ **건축면적** 275.60㎡ **연면적** 494.97㎡ **건폐율** 29.25% **용적률** 33.40% **규모** 지하 1층, 지상 3층 **구조** 철근콘크리트 라멘조 **외부마감** 노출콘크리트 **설계기간** 2000~2003 **준공기간** 2004. 12 **조경** (주)예공아트스페이스건축 **사진** 김종오(02-2661-2811, Mobile: 011-415-5780) **홈페이지/이메일** www.yekong.com/kkwookr@yahoo.co.kr **연락처** 02-730-8834((주)예공아트스페이스건축)

Architect's office YEKONG Architects & Planners **Design staff** Kim, Eui-Ki/ Baak, Sang-Dok **Location** D-4 Heyri Art Valley **Use** Buddhism center **Site area** 942.10㎡ **Building area** 275.60㎡ **Gross floor area** 494.97㎡ **Building coverage** 29.25% **Floor area ratio** 33.40% **Building scope** B1, 3F **Structure** R.C. **Exterior finishing** Exposed concrete **Design period** 2000~2003 **Construction period** 2004. 12 **Landscape Architecture** YEKONG Architects & Planners **Photographer** Kim, Jong-Oh

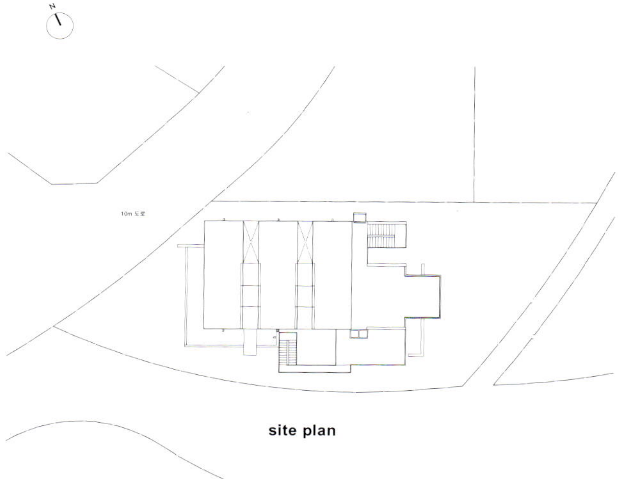

site plan

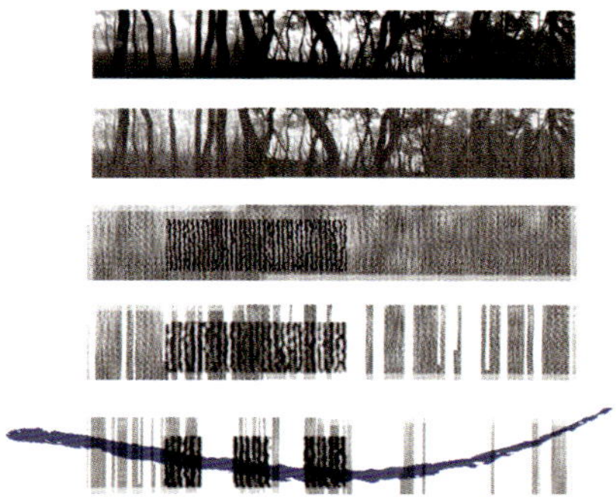

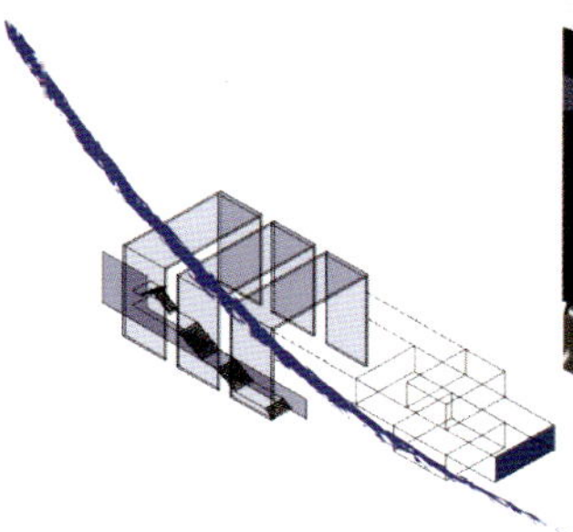

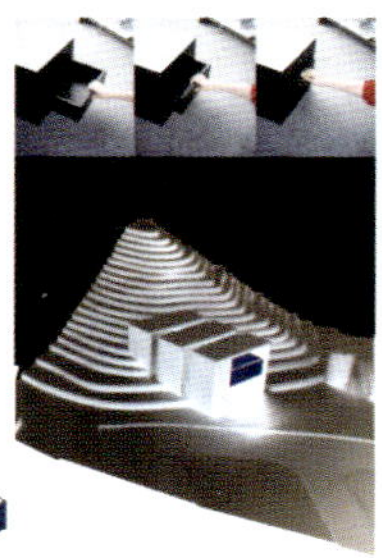

concept

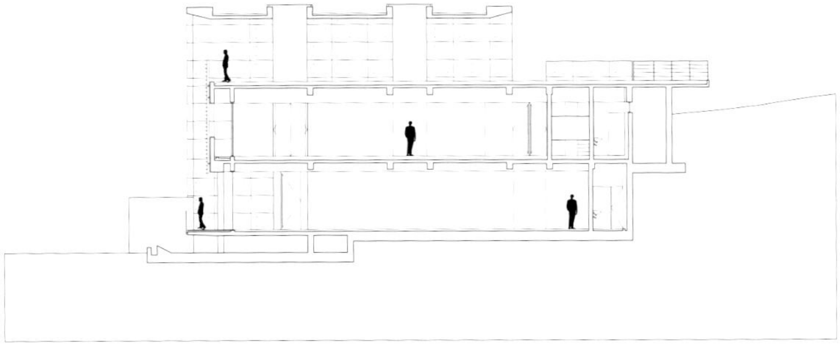

section

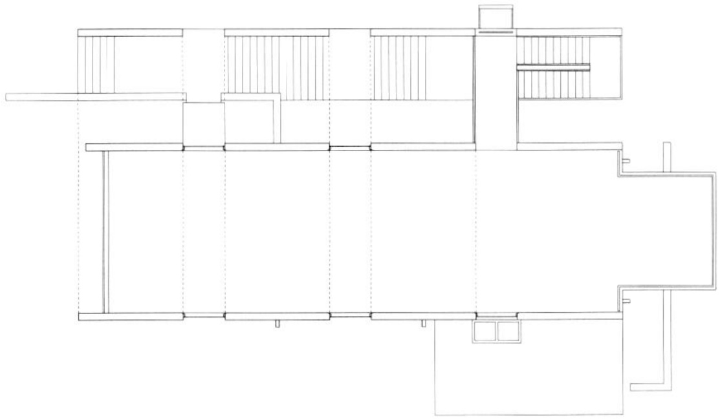

2f plan

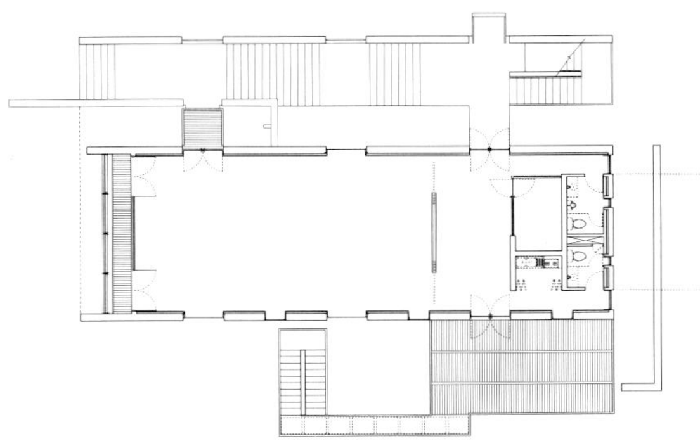

1f plan

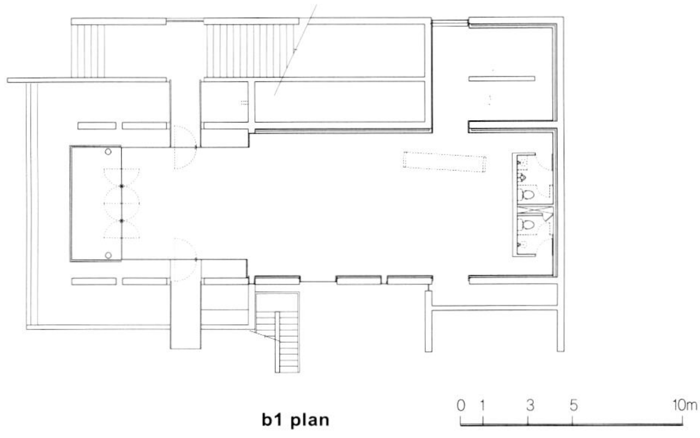

b1 plan

건축박물관+시경당

MOA Gallery

우경국 Woo, Kyung-Kook

이 집은 헤이리 아트밸리 D-5 지역에 있는 건축박물관(갤러리), 카페 그리고 주거 프로그램으로 구성되어 있다.
능선과 가로가 교차되는 끝 지점에 위치하여 자연 풍경과 도시적 경관이 겹쳐지는 독특한 성격의 대지이다. 대지의 특성과 프로그램의 다양성을 관계의 범주로 대치시키는 것이 이 집의 핵심이다. 그것은 상호 소통이라는 언어로부터 출발한다.
해결의 실마리로 첫째, 자연의 흐름을 차단하지 않고 가로(street)의 특성을 유지시키는 방법으로서 띄우기(floating) 방법을 채택하고, 둘째 서로 다른 기능을 유기적으로 연결시키는 방법으로서 우연적 행위를 유발시킬 수 있는 사이 공간 만들기(데크, 브리지, 계단 등)
셋째, 내부 공간에서의 가변성과 자연과의 연결을 위한 중심 비우기
넷째, 인식 작용과 다양한 행위 유발을 위한 느린 체계의 동선
다섯째, 시간을 인식시킬 수 있는 재료의 선정
여섯째, 커뮤니티와의 소통을 위한 공간 체계로서 경계 없애기 등이다.

상기와 같은 개념들은 있어야만 하는 것과 있는 것과의 관계로부터 출발함을 의미한다. 즉, 자연과 인간 사이의 서로 다른 실체가 독립적 존재로서 이들 간에 발생하는 그 무엇을 건축화 하는 것이 아니라 그 양자보다 앞서 있는 관계론적인 사실로부터 출발하는 것이다.

이 집은 서로 다른 존재의 경계 사이에 존재시킴으로서 경계 소멸을 일으키고자 하는 것이다. 지각과 인식 작용을 통해 소통을 일으키며 투영과 빛을 매체로 하여 관계를 강화시

Sikyung-Dang House

This particular building situated on the very end of street sight where ridges and streets are overlapped. My first attempt was making mutual communication between site and architectural programs. The character of site and diversity of programs develop symptomatic architectural journey. The word 'mutual communication' describes as a space interaction of nature and manmade structure.

From 'mutual communication', I have found a couple of aspects that I have to develop through the design process.
First of all, floating the mass to ease the street movement.
Second, make in-between space such as outdoor deck, bridge, stair case to instigate accidental events.
Third, provide inner void space to give flexibilities of space and connection of the nature.
Fourth, forcibly make slow circulation to create activities and recognition.
Fifth, select material to give timeless affect.
Finally, eliminate boundary to make the better interaction between community and architectural space.
From the thought I listed above I could be able to make the statement 'be and need to be'. Architecture is not about creating something between nature and human

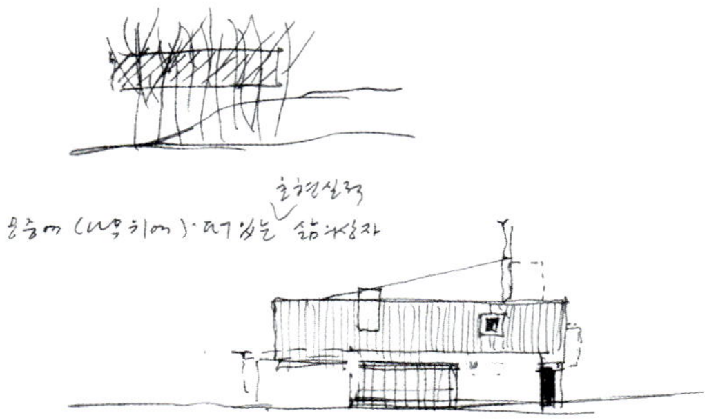

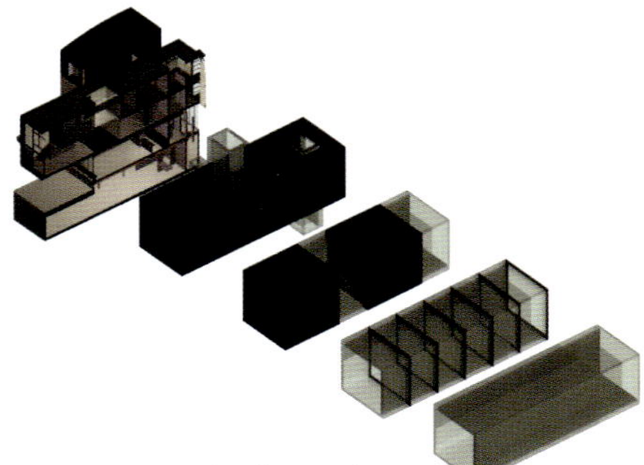

space structure system

킨다. 허공에 떠돌아다니는 빛을 건축 속으로 끌어당기어 형상화시킨다.
빈 공간의 상자는 건축적 원점에 의해 영역이 구분되고 행위가 유발된다. 나머지 공간은 변화를 요구하는 소비되는 내부이다.
이 집은 숲 위에 떠 있는 작은 에코(Mini-eco) 상자이다.

〈건축박물관+시경당〉의 경우 연경당과 관가정에서의 시각적 관통 형식과 켜의 방법을 재해석하여 주거 부분을 처리하였다.
직사각형의 긴 상자를 8개의 켜로 나누고 대청과 같은 비결정성의 공간을 중심 부분에 삽입시켰으며, 서재를 별채로 하여 본채와 별채 사이에 계단식 사이 공간을 만드는 형식을 제공하고 있다. 8개의 켜는 투명 반투명, 콘크리트, 목재 등의 재료를 사용하여 영역을 암시케 하고, 다시 켜가 중복되면서 만들어 내는 복합 현상을 외부에서 인지토록 하였다. 그리고 내부에서는 켜에 의한 공간의 분할이 공간의 다양함, 또는 행위의 느린 체계를 유도하는 역할을 하게 한다. 투명한 유리 켜로 이루어진 중심의 대청은 비워있는 공간이다. 이곳에서는 빛의 형상을 인

being as a separate itself but something based on the relationship between them, which exists before the two things.
This building will be standing between two different edges to eliminate the boundary itself. Moreover, use of natural light and reflection to clear up the perception and recognition effect. Try to capture the natural light into the space to create architectural form itself.
The hollow box is divided by architectural essence to create place and activities.
Let me name this building 'floating ecological box'

The residential area is dealt using reinterpretation of the method of visual penetration and Keo(layer) like in Yeongeong-Dang and Guanga-Jung(Traditional house)
A long box is divided into eight layers and a non-determinative space, the Dacheong (Korean traditional living room), is inserted in the middle of it. Between the main building and the secondary one (which is a study), we have an interspace of stairs.
The eight layers suggest an area using transparent and semitransparent material,

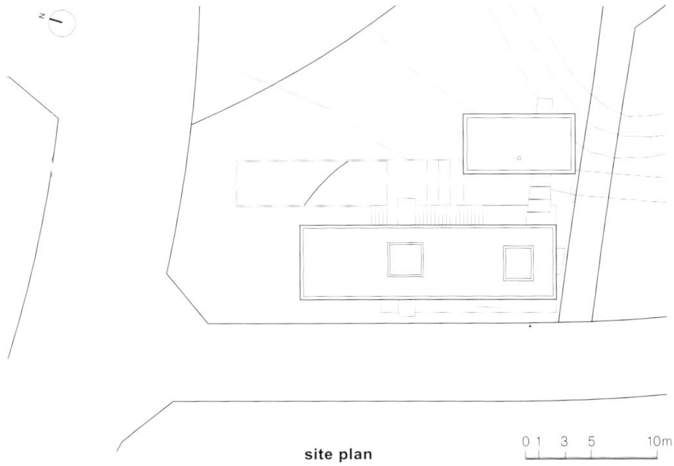

site plan

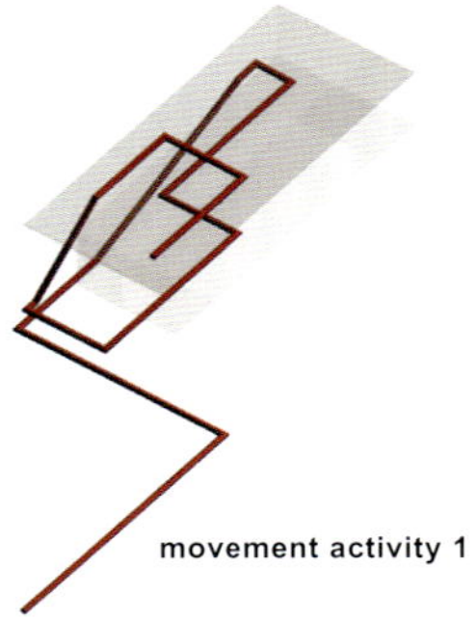

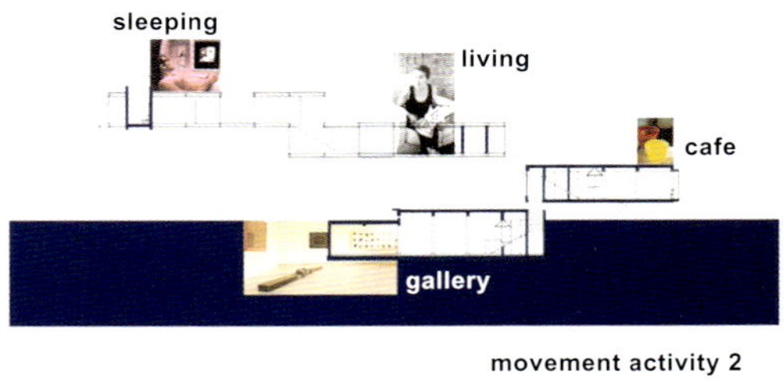

지할 수 있을 뿐만 아니라 예측 불가능한 행위, 결정 불가능한 행위를 담을 수 있는 곳이기도 하다.
본채와 별채 사이의 계단식 사이 공간은 서로 다른 기능(갤러리, 아트 숍, 카페)을 통합하고 분산시키는 역할을 하며, 마을 공동체와의 연계를 도모하는 고리 역할을 하게 된다. 이러한 방법론은 건축의 개체가 개체로 존재하는 것이 아니라 담기는 사람의 행태, 집이 놓이는 장소, 기존 자연과의 관계, 커뮤니티와의 관계 등 무수히 많은 요소들이 관계의 그물망 속에 존재한다는 인식론과 존재론으로부터 출발한 것이다.

concrete, timber. The overlapped layers are creating a complex phenomenon, recognizable from the outside.
Separating the space into a variety of inter-spaces, the layers create a slow behaviour system. The central Daecheong layer(Korean traditional living room) is composed of clear glass, it is an empty space. It can hold unpredictable and non-determinative activities. We can feel the shape of the light.
The inter-space between the main house and the secondary one (where the stairs are) has the role of combining and dispersing other functions (gallery, art shop, cafe) and connecting the building to the heyri community. This designing method starts from the epistemology and ontology to which the architectural object doesn't exist alone as individual entity itself but exists in the "relationship-net" of many factors such as persons behavior, the place where the house is located, the relation with the nature concerned, relation with community etc.

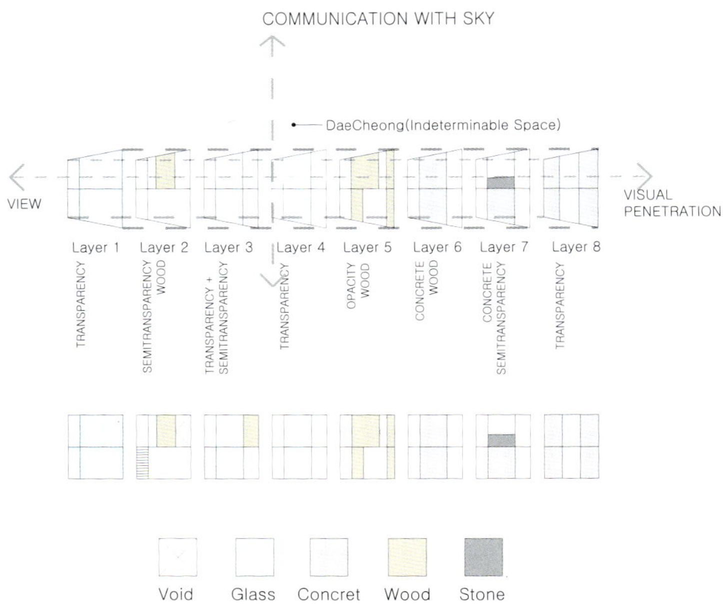
COMMUNICATION WITH SKY
DaeCheong(Indeterminable Space)
VIEW
VISUAL PENETRATION
Layer 1
Layer 2
Layer 3
Layer 4
Layer 5
Layer 6
Layer 7
Layer 8
TRANSPARENCY
SEMITRANSPARENCY WOOD
TRANSPARENCY + SEMITRANSPARENCY
TRANSPARENCY
OPACITY WOOD
CONCRETE WOOD
CONCRETE SEMITRANSPARENCY
TRANSPARENCY
Void
Glass
Concret
Wood
Stone

concept

설계사무소 (주)예공아트스페이스건축 **설계담당** 김의기, 박상덕 **위치** 헤이리 아트밸리 D-5 **용도** 문화 및 집회시설, 근린생활시설, 단독주택 **대지면적** 336.90m² **건축면적** 166.81m² **연면적** 488.62m² **건폐율** 49.51% **용적률** 92.01% **규모** 지하 1층, 지상 3층 **주차대수** 실외 3대 **구조** 철근콘크리트 라멘조 **내부마감** 노출콘크리트, 스틸 플레이트, 익스펜디드 메탈, 석고보드 위 페인트 **외부마감** 노출콘크리트 , 동판 오픈 조인트 마감 **설계기간** 2000~2002 **준공기간** 2003~2004. 2 **구조** 서울구조(이인세) **전기** (주)메딕스 엔지니어링 **기계** (주)메딕스 엔지니어링 **조경** (주)예공아트스페이스건축 **시공사** 직영 **사진** 김종오, 정세영(02-741-5841, Mobile: 018-338-7432) **홈페이지/이메일** www.yekong.com/kkwookr@yahoo.co.kr **연락처** 02-730-8834((주)예공아트스페이스건축)

Architect's office YEKONG Architects & Planners **Design staff** Kim, Eui-Ki/ Baak, Sang-Dok **Location** D-5 Heyri Art Valley **Use** Museum of Architecture, Residence **Site area** 336.90m² **Building area** 166.81m² **Gross floor area** 488.62m² **Building coverage** 49.51% **Floor area ratio** 92.01% **Building scope** B1, 3F **Structure** R.C. **Exterior finishing** Exposed concrete, Copper(Open-joint) **Design period** 2000~2002 **Completion period** 2003~2004. 2 **Landscape Architecture** YEKONG Architects & Planners **Photographer** Kim, Jong-Oh, Chung, Se-Young

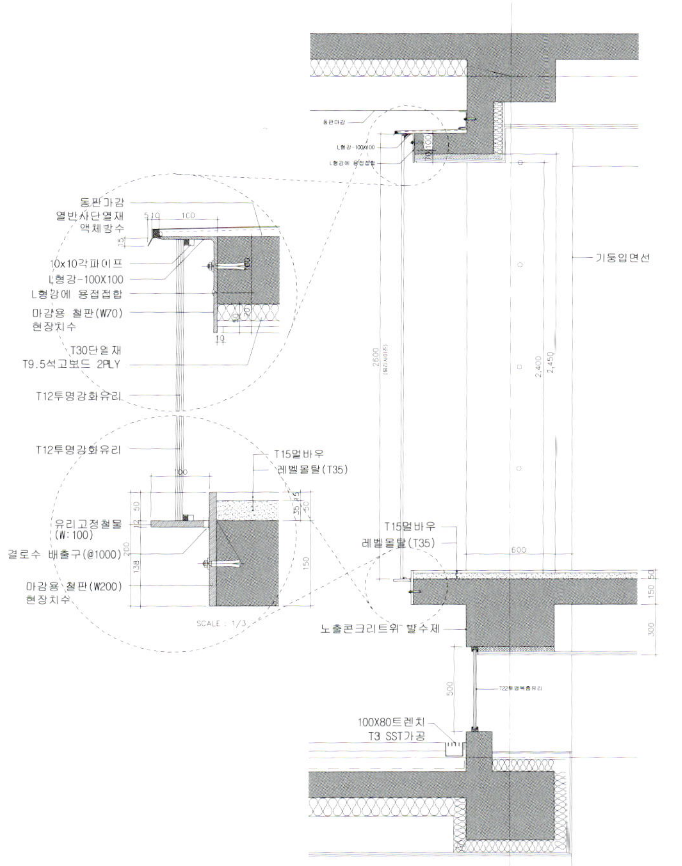

window detail of cafe

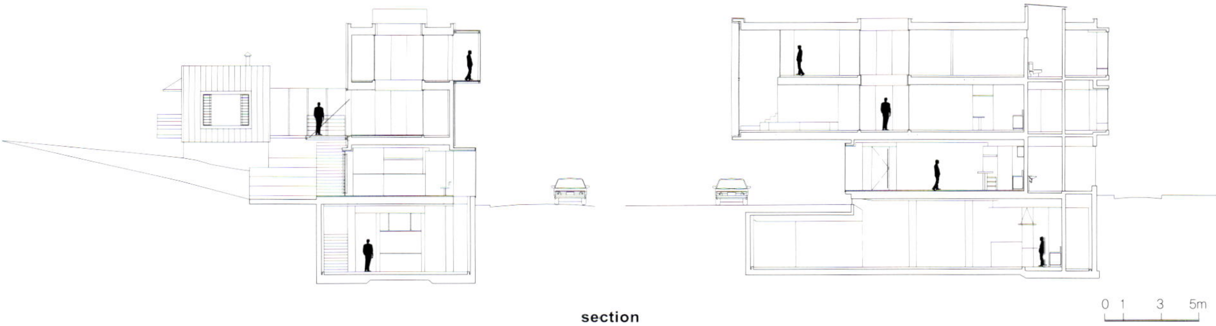

section

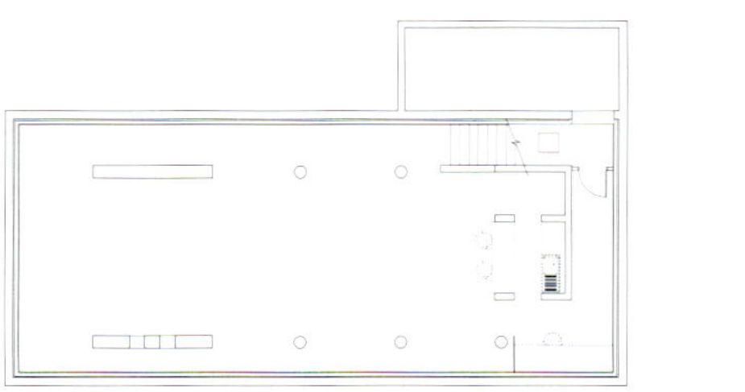

b1 plan

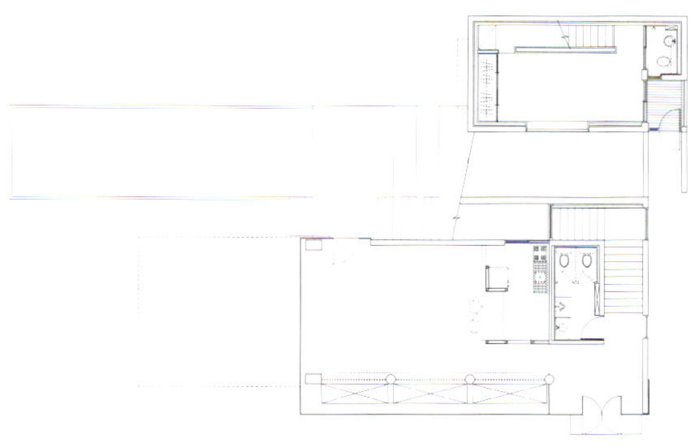

1f plan

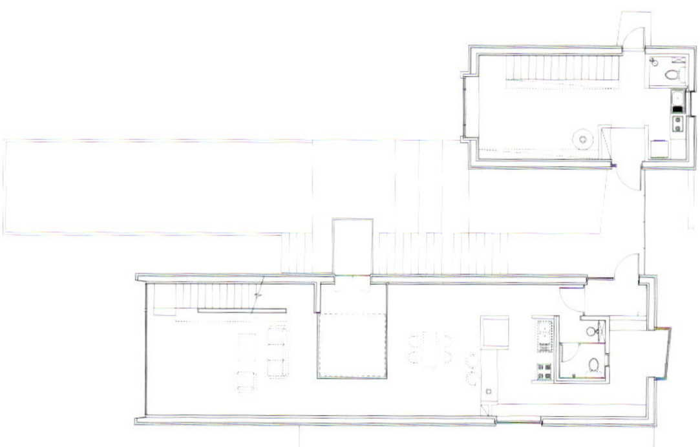

2f plan

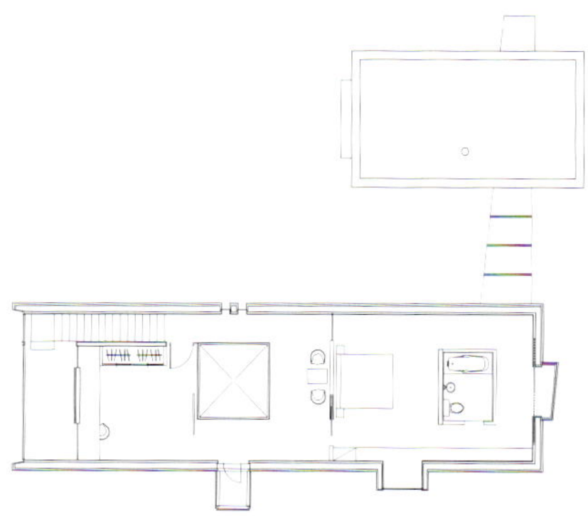

3f plan

안상규 스튜디오

ASK

이민, 손진 I, Min / Son, Jean

studio

헤이리 아트밸리의 지형은 반쯤 열려진 왼손과 흡사하다.
북동쪽에 자리한 네 개의 낮은 구릉과 남서쪽의 구릉하나.
계획지는 단지 전체의 서쪽 진입부인, 손금으로 치면 엄지와 검지 사이에 패인 생명선의 시작 부분에 위치한다.
대지의 윤곽은 직선과 곡선으로 이루어졌다. 방향을 달리하는 두 개의 곡선이 만나면서 생긴 예리한 모서리와 인접 대지로부터 계획 대지를 잘라내는 하나의 직선.
우리는 대지의 이러한 특성을 살리기로 하고 설계 지침을 그대로 건축에 옮기기로 했다.
내부 공간의 구성과 용도는 공사 진행 중에 다소 변경되었다. 전시장과 수장고, 작업실은 지하층에, 찻집은 1층에, 사무 공간은 2, 3층에 두었다.
외부의 재료와 색채는 단순하다. 하부는 노출 콘크리트, 상부는 크림색 돌가루 바르기.
오가는 사람들이 이 건물을 보면서 단단하며 고요한 건축주의 내면을 떠올릴 수 있었으면 한다.

The site is shaped with a beeline, which have cut the site from the adjoining land, and curves that have met with sharp edge from different directions. We made the most of this shape of the site in our design. The white volume is sprung from lower part of the building that has curved along with the land. Also we had intended to show the owner's inner world in the building.
The exterior finishing and the colors are simple. The lower part of the exterior wall is made of exposed concrete but stucco for the interior instead of.

설계사무소 이손건축 **위치** 헤이리 아트밸리 H-31 **대지면적** 273.2㎡ **건축면적** 104.2㎡ **연면적** 381.89㎡ **건폐율** 38.14% **용적률** 77.95% **규모** 지하 1층, 지상 3층 **구조** 철근콘크리트조 **최고높이** 10.5m **외부마감** 노출콘크리트, 모노쿠쉬 **사진** 남궁선, 이동규 **이메일** isonarch@chollian.net **연락처** 02-3411-9961(이손건축)

Architect's office ison Architects **Location** H-31 Heyri Art Valley **Site area** 273.2㎡ **Building area** 104.2㎡ **Grass floor area** 381.89㎡ **Building coverage** 38.14% **Floor area ratio** 77.95% **Building scope** B1, 3F **Structure** R.C. **Height** 10.5m **Exterior finishing** Exposure concrete, Monocouche **Photographer** Namgooung, Sun/ Lee, Dong-Kyu

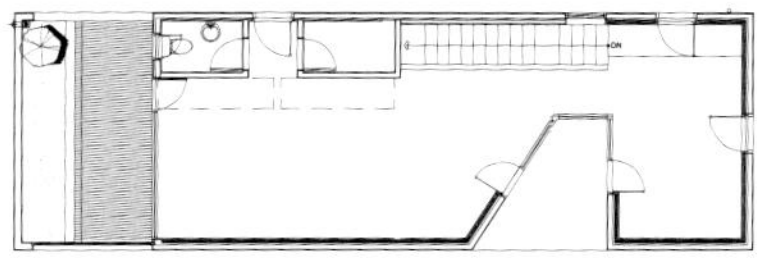
3f plan

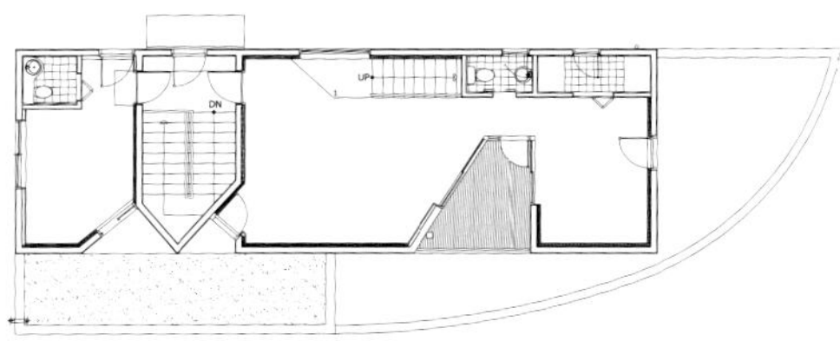
2f plan

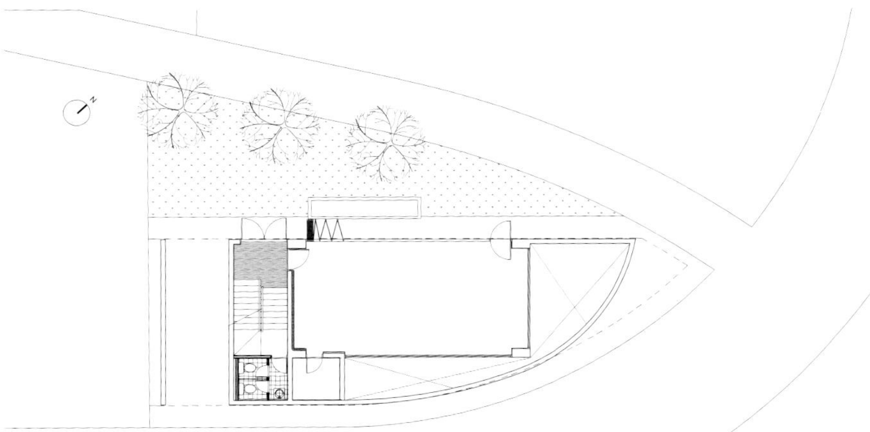
1f plan

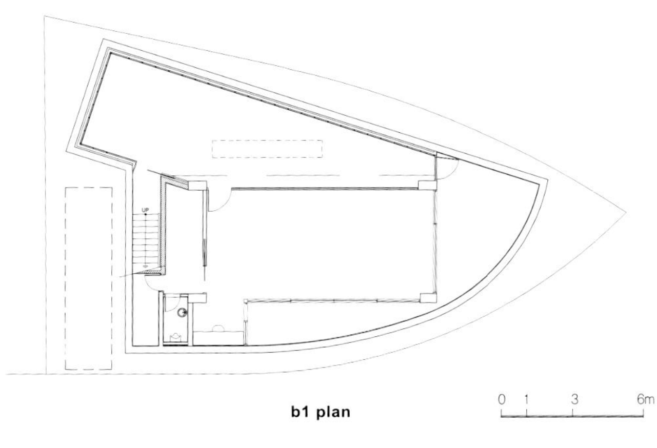

b1 plan

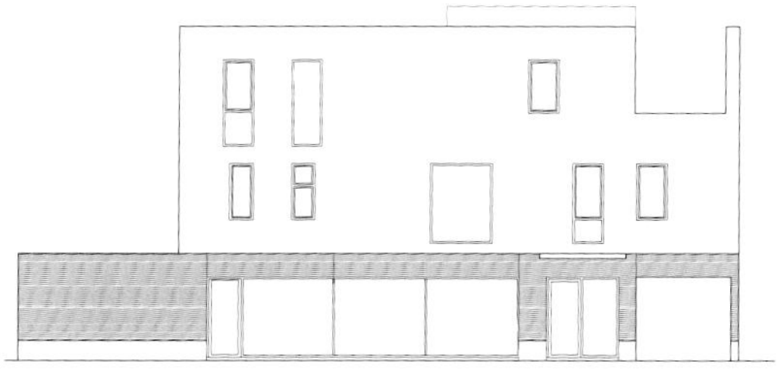

north elevation

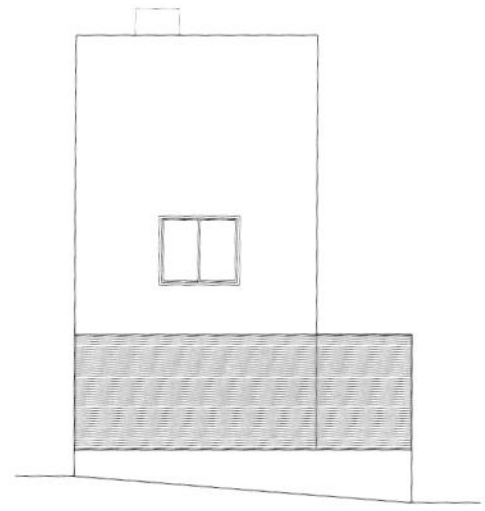

east elevation

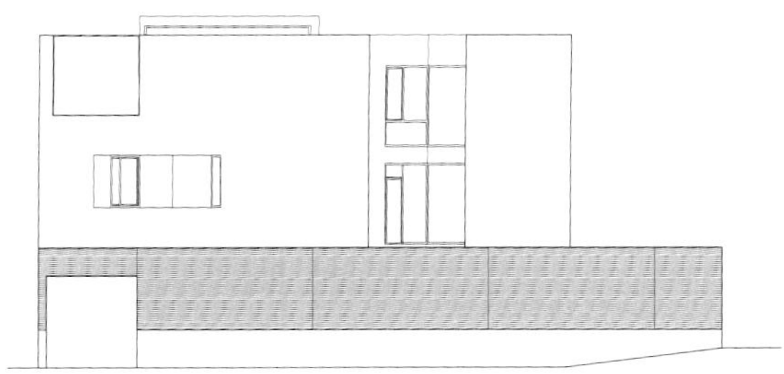

south elevation

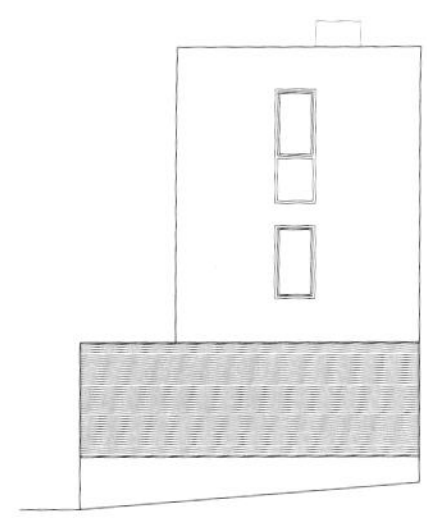

west elevation

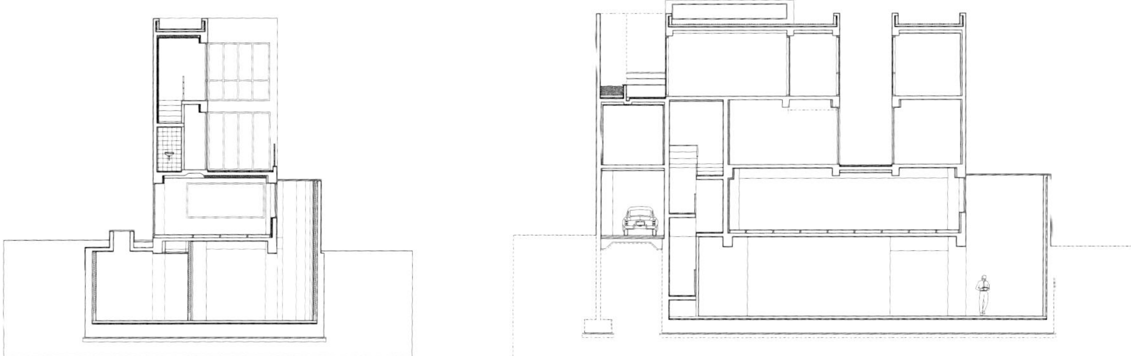

section

0 1 3 6m

소담 갤러리

Sodam

이은영 Yi, Eun-Young

수 없는 양식의 변화는 거치지만 현대 사회에 이르기까지 건축은 동서양을 막론하고 그 본질성에는 변화가 없었다. 동서를 막론하고 고전 속에서 발견되는 건축의 유형을 우리 시대의 보편적 정서로 추상화하는 일련의 시도는 수천 년간 선배들의 지혜 축적과 그 당연한 것들의 완벽한 성취를 향했던 소박한 집념에 대한 최소한의 존경을 바탕으로 하고 있다. 그리고 인간 문화의 점진적 승화에 대한 믿음을 바탕으로 하는 것이다.

모든 문화권과 시대를 포용하는 건축의 기본 어휘를 우리 시대의 정서로 구사함을 통해 얻어낼 수 있는 건축 형태를 찾아가는 작업의 일환으로, 헤이리 단지 내에서 진행하고 있는 3개의 주택 프로젝트를 통해 세 가지의 프로토 타입을 제시한다.

본 〈H-67 프로젝트(소담 갤러리)〉는 그 첫 번째 시도로서, 긴 매스의 끝 부분에 위치한 건물로의 내재된 강한 수평성의 다이내믹을 증폭시키며 그것을 건축적 테마로 끌어내는 작업이다. 수직적 좁은 개구부의 반복을 통해 수평적 깊이를 인지케 하고, 구사하는 건축 어휘의 변용으로 방향성을 설정하였다. 건물 내부의 내재된 욕구가 조형 의지와 결합되며, 남쪽으로 향해 테라스가 반복되는 모습으로 정리되었다. 창, 열주, 테라스, 난간 등 극히 기본적인 건축 요소가 추상화되며 하나의 조소를 형성하고 있다. 그 작업과 정의 중심에 놓인 테마는 독특하고 완결성 있는 비례의 추적이다. 드러내고자 하는 건축적 테마를 극명하게 하고자 모든 부수적 요소를 배제하고 색채와 재료를 단순화하여 그 추상성을 상승시켰다.

두 번째 프로젝트인 〈F-36-3 프로젝트〉의 경우, 주거 지역의 경사진 내부 도로의 정점에 놓인 대지의 여건에 맞는 강한 독립성을 갖는 오브제로서 적합한 타이폴러지를 꾀하였고, 세 번째인 〈C-24 프로젝트〉에서는 경사면을 타고 나오는 단순한 매스의 중심부에 형성되는 중앙의 구심적 물 공간과 산기슭을 타고 계단식으로 상승해가는 외부 공간을 테마로 하였다.

There have been numerous changes in its form and shape, but no fundamental changes until modern society no matter whether it is from the East or the West.

Gallery

Regardless of the East and the West, there have been a series of efforts to express the different types of architecture from the classics in the universal emotions of our age. These efforts were based on the accumulation of wisdom from their ancestors for thousands of years and the respects for their simple concentrations to follow them perfectly as good examples. Also, they were based on confidence on gradual sublimation of our cultures.

My architecture is a way to find an architectural form or shape by interpreting its basic vocabulary from all cultures and eras into the emotions of our age. I'd like to propose three prototypes through three housing projects which are under construction in Heyri Art Valley.
As the first attempt, 〈H-67 Project(Sodam Gallery)〉 is to expand strong horizontal dynamics found in the building at the end of the long mass and to draw it as architectural themes. With repetition of vertical but narrow openings, it is possible to guess its horizontal depth, to set its orientation by changing its architectural vocabulary, to combine its desire hiding in the building with its architectural intention and to repeat its terraces toward the South. The very architectural elements such as windows, columns, terraces and railings are expressed in the abstract to form a sculpture. The theme of this work is to pursue its unique and complete proportion. So it elevates its abstraction by excluding all the additional elements and simplifying its colors and materials to clearly reveal its architectural theme.

As the second attempt, 〈F-36-3 Project〉 is to find out an adequate typology as an object which has a strong independency suitable for the site at the height of the sloping inter-road around the residential zone. 〈C-24 Project〉, the third attempt, has a theme of a water space in the center of the simple mass forming from the sloping side and an outer space elevating step by step from the bottom of the mountain.

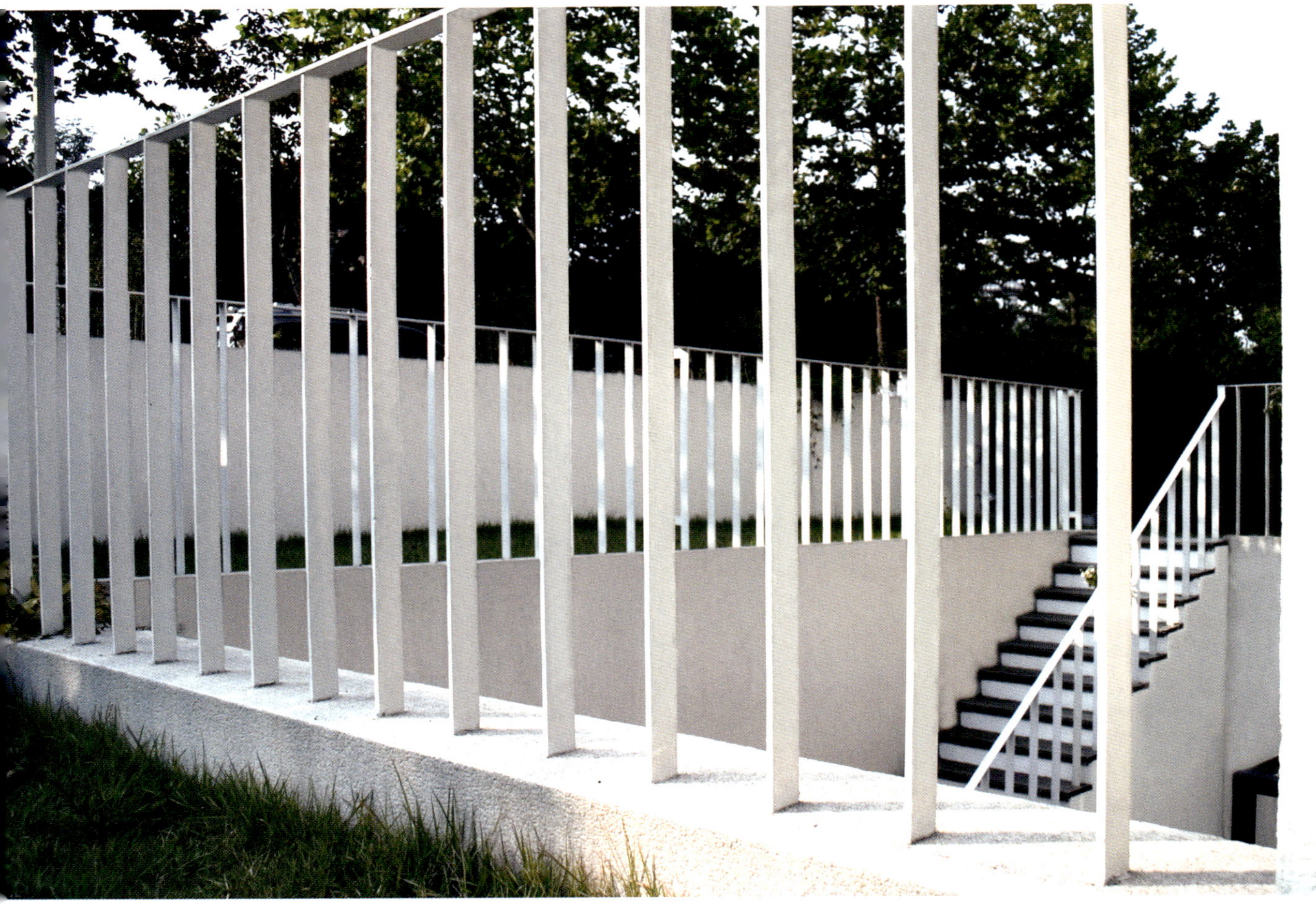

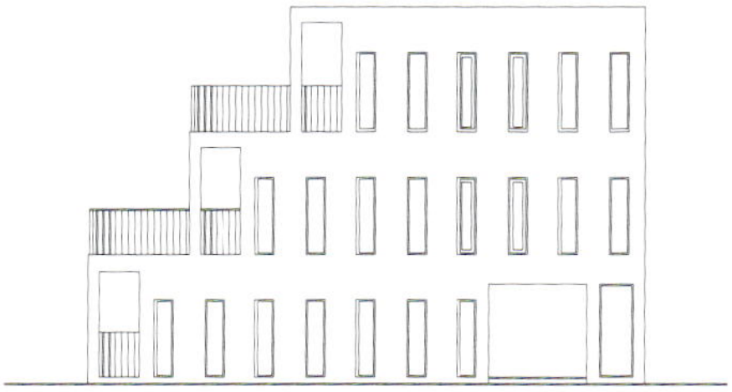

east elevation

section

실시설계 이은영+예창건축(한경호) **설계담당** 신건수, 김호섭, 양승현, 박화종, 이정훈, 박영진, 최광순, 김재욱
위치 헤이리 아트밸리 H-67 **대지면적** 231.9㎡ **건축면적** 71.5㎡ **연면적** 244.53㎡
규모 지하 1층, 지상 3층 **구조** 철근콘크리트조 **외부마감** 모노쿠쉬 **건축주** 강희경 **사진** 김춘기, 이정진
이메일 yiarch@hanyang.ac.kr(이은영) **연락처** 011-396-5872(이은영)

Construction document Yi, Eun-Young+Yechang Architects(Han, Kyeong-Ho)
Design staff Shin, Keon-Soo/ Kim, Ho-Seob/ Yang, Seung-Hyun/ Park, Hwa-Jong/ Lee, Jeong-Hoon/ Park, Young-Jin/ Choi, Kwang-Soon/ Kim, Jae-Wook
Location H-67 Heyri Art Valley **Site area** 231.9㎡ **Building area** 71.5㎡ **Grass floor area** 244.53㎡ **Building scope** B1, 3F **Structure** R.C. **Exterior finishing** Monocouche
Client Kang, Hee-Kyeong **Photographer** Kim, Choon-Gi/ Lee, Jeong-Jin

SODAM ART
Ceramic

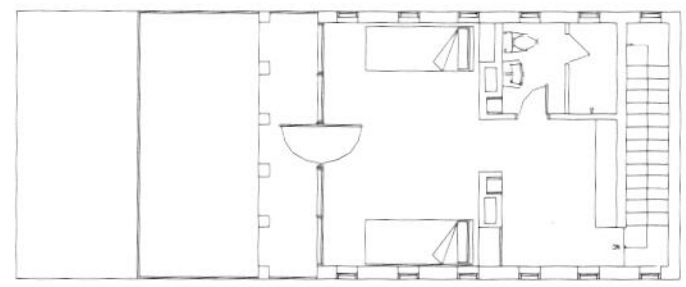

3f plan

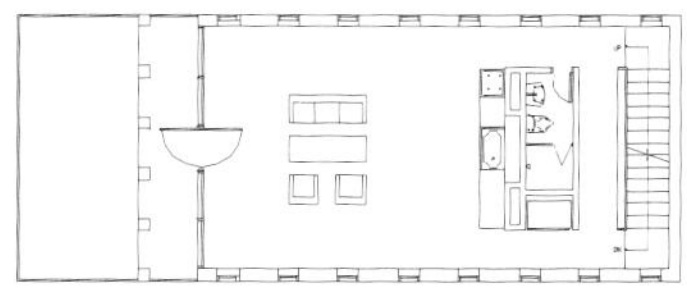

2f plan

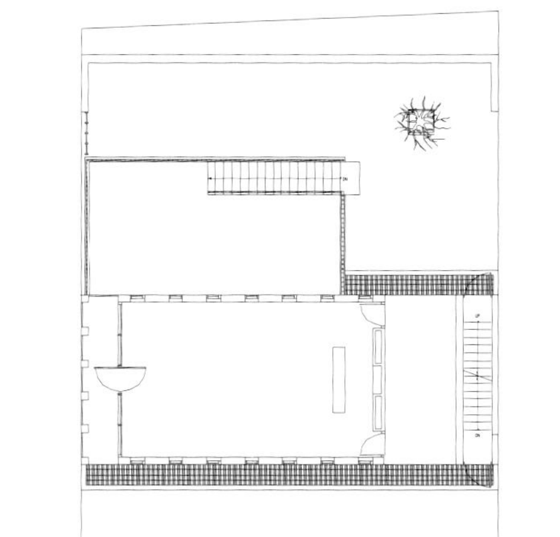

1f plan

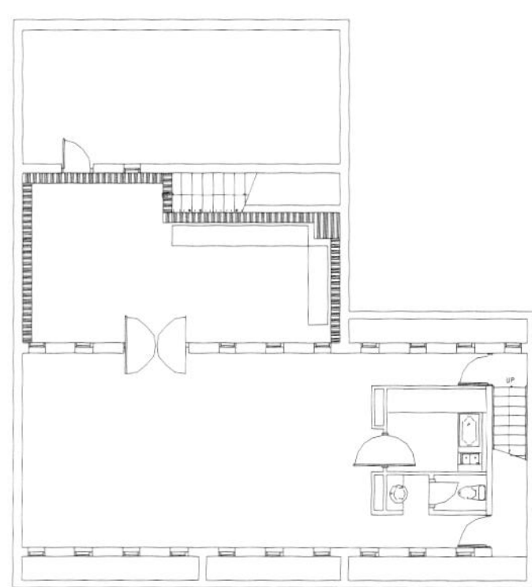

b1 plan

Torque

비틀린 집

조민석, 박기수 Cho, Min-Suk / Park, Ki-Su

네 명의 가족이 살아가는 주거 공간이자 음향 기술자인 남편과 화가인 부인을 위한 각각의 작업 공간을 가진 3층, 134평 건물이다. 설계부터 시공까지 2년여의 짧지 않은 시간이 소요된 이 건물은 몇 가지 상반되는 역학 쌍들이 충돌하여 하나의 혼성물(synthesis)을 만들어 가는 과정이었다.

화가 vs 레코딩 엔지니어

"저는 꽃병 같은 지루한 정물화를 그리는 화가예요"라고 겸손하게 자신을 소개한 부인은 달갑지 않은 헤이리의 몇몇 '멋부린' 건물들을 예로 들며 자신의 작업실을 위한 요구 사항들을 간결하게 제시했다. 갈수록 인기가 높아지고 있는 헤이리 아트밸리에서 외부로부터 방해받지 않고 홀로 은둔하며 작업에 집중할 수 있도록 밖에서 들여다보이지 않아야 하나 자연광은 적당히 있을 것, 건물 내부의 다른 기능과 확실히 분리되며 동시에 선택적으로 연결될 수 있고 외부로부터 독립적 입구를 가질 것, 큰 그림들을 위해 천장고가 높아야 할 것, 공간이 대칭이어서 안정감이 있고 불안감을 주는 예각 따위가 없는 직교 체계여야 할 것 등이었다.

반면, 클래식 음악 녹음 기술자인 남편은 조용한 성격이지만 항상 협력해야 하는 연주자나 음향 기술자의 직업적 특성상, 연주/녹음실이 사회성이 요구되는 공간임을 설명했고 동시에 이 공간이 건물 안의 다른 주거 공간과 부인의 작업 공간에 방해를 주지 않는 독립된 동선을 갖기를 바랐다. 그가 요구한 작업 공간은 오케스트라 연주자들이 최고 30명까지 함께 연주할 수 있는 연주실과 이를 방음창을 통해 모니터하며 녹음 및 편집을 할 수 있는 녹음실, 두 개의 방이었다. 또한 직교 체계의 공간만을 요구하는 부인과는 정반대로 음향 조건상 실내 공간을 정의하는 면들, 즉 벽, 바닥, 천장 면이 평행하지 않아야 한다는 요구 조건을 제시했다. 나아가 그는 최적의 음향 환경을 만들기 위해 초기에 전혀 문외한이었던 우리와 함께 다양한 차음, 방음, 흡음, 반사음에 관련한 과학적 지식들을 참을성 있게 공간에 적용했다. 이를테면 그에게 창문의 크기, 위치, 디테일 등 모든 것은 우선적으로 음향 조건에 관한 고려가 우선으로 이루어지면서 동시에 정서적인 부분이 충족되어야 했다. 더불어 이 작업 공간의 사회성에 관한 고려로, 작업 시 밤샘 작업을 하며 요기를 할 수 있는 작은 주방이나, 담배를 필 수 있는 외부 공간을 요구했고, 거기에 우리는 옥상을 활용하여 작은 옥외 공연 휴식 공간을 만들자는 제안을 더했다.

선형 건물 유형 vs 비정형의 부지

헤이리 마스터플랜에서 '선형 건물 유형'으로 지정되어 있는 이 지역은 남쪽에서 단지 내 두 개의 작은 산을 만난다. 두 산 사이의 계곡으로 방향을 바꾸는 과정에서 굴곡진 도로를 가지게 되었고, 이 때문에 부지의 도로에 면한 북동측 경계가 곡선인 비정형의 부지가 되었다. 따라서 건물과 도로가 평행하면서 3m 정도의 여유 공간을 갖는 전형적인 헤이리 선형 건물 유형과는 달리 이 건물은 북동측 양단에서 도로와 접하고 중앙에서 떨어져 있는 특이한 조건이 된 것이다. 결과적으로는 북측 일광 사선 제한 1:1.5의 경사를 곡선의 도로 경계로부터 수직으로 일직선의 장방형 매스에 적용하면서 북측 입면 상부의 양 귀가 자연스럽게 밀려나게 되었다. 마치 흐르는 시냇물에 날카로운 돌이 닳아서 조약돌이 되듯이 곡선의 움직임에 의해 장방형의 건물은 비틀리게(torque) 되었다.

〈Torque House〉 is a three-story, 134-pyeong(1pyeong=3.3 square meters) building that contains living space for four family members, with workspace for both the husband, who is a sound engineer, and his wife, who is a painter. It took two years to complete, from design to construction, and in the process created a synthesis through clashes between several pairs of contrasting dynamics.

Painter vs. Recording Engineer

The wife, who modestly introduced herself as a painter who paints boring still-life paintings such as flower vases concisely suggested requirements for her studio, using as an example highly stylish buildings that she was not quite fond of in Heyri Art Valley. The requirements included the following: the studio should not be visible from the outside to help her concentrate on her work in a secluded manner, undisturbed by outside distractions in Heyri Art Valley, which is increasingly gaining popularity. It should however have an appropriate amount of natural light, and the space should be clearly separated from other functions of the building interior yet at the same time should be selectively connected to the building interior and have a separate entrance from the outside. It should also have a high ceiling for large paintings, and the space should be symmetrical to give a sense of stability, and the studio should be rectangular, without any precarious acute angles.

On the other hand, the husband, who is a classical music recording engineer, wanted a studio fit for social purposes, even though he has a quiet personality. Due to the fact that he needs to invite musicians with whom he has to collaborate, the music performance/recording studio should also be a social venue, considering the needs and characteristics of a sound engineer. At the same time, he wanted the space to allow independent circulation so as not to disturb other residential spaces in the house and his wife's atelier. The working space that he specified had to comprise a music performance room that can accommodate up to 30 orchestra music performers and another room where he can monitor, record and edit music performances through a sound-proof window. In contrast with his wife, who required a space with right angles, he presented the requirement that planes defining the interior space, such as walls, floor, ceiling, should not be in parallel due to his acoustic requirements.
Furthermore, in order to create an optimal sound environment, he patiently explained scientific knowledge related to sound, such as insulation of sound, soundproofing, acoustic absorption, and sound reverberation to us, people who were almost ignorant about sound in the beginning. For instance, consideration of

House

건물 vs 조경

건물의 외부 표면은 단순하게 조직되었다. 남동측 단변의 외장은 반반사 유리 커튼 월을 써서 이 면에 접한 1, 2층 주거 공간과 3층 녹음실의 채광, 조망을 용이하게 하면서 외부에서는 가벼운 외관으로 주변 풍경을 비추도록 했고, 반대쪽 단변 북서측 입면은 인접 대지 선형 건물과 맞닿을 것이기 때문에 개구부가 없는 단순한 노출 콘크리트 구조 벽으로 계획했다. 장변 방향 북서측과 남동측 입면은 각각 입면 중앙에 길쭉한 창이 있어서 침실이 있는 2층과 2개 층 높이인 1층 화실의 고창이 되며, 비교적 폐쇄적인 건물의 입면을 두 개의 덩어리로 분절시킨다. 화실, 녹음실이 가질 수밖에 없는 입면의 폐쇄성을 더욱 보완하기 위해 가능하면 너무 엄격한 외벽 재료는 피하자는 동의가 초기에 건축주와 있었고, 궁리 끝에 조경 디자이너를 통해 알게 된 '이끼 부착시스템(moss catch system)'을 적용하게 되었다. '옹벽 환경미화' 등에 쓰이기 시작한 토양 섬유의 일종이다. 남측, 북측에 잘 자라는 두 종류의 이끼들을 섞어 만든 이 제품은 이 건물에 적용하기에 안성맞춤이었고, 현재 서서히 이끼의 싹들을 건물의 벽에 키워 나가면서 복합적 용도를 가진 하나의 '혼성적 덩어리(synthetic mass)'로 헤이리 아트 밸리 풍경의 일부가 되고 있다.

acoustics was given top priority in all aspects of creating the studio, including size, location and details of windows, while emotional aspects had to be satisfied at the same time. In addition, considerations of the social use of the workspace required a small kitchen where one can prepare and eat snacks while people are working through the night, and an external space for smoking, and we added our suggestion to create a small performance/rest area, capitalizing on a rooftop area.

Linear Building Type vs. Irregular Site

The site where this building, designated a linear building type in the Heyri Master Plan, is located is mostly flat. However, the southern part of the site meets with two small mountains, and when it turns toward a valley between the two mountains, the site has a curved road, which makes it an irregular site with a curved boundary in a northeast direction adjacent to the road. Consequently, unlike other typical linear building types seen in Heyri, where buildings and the road are in parallel and have a three-meter distance between them, this building has unique conditions in which the building and the road meet on two sides on the northeast side of the linear building and are separated in the center. As a result, when a 1:1.5 slant, in accordance with the oblique line limitation for daylight on the north side, is vertically applied to a straight-line rectangular mass from the curved road boundary, the two corners facing north are naturally pushed. As sharp stones are worn down by the flowing stream and transformed into pebbles, a rectangular building becomes torque through the movement of curves.

Building vs. Landscape

The exterior surface of the building is organized in a simple manner. A Semi-reflective glass curtain wall was used for the exterior of the shorter side of the building in a southeast direction to facilitate natural lighting and a better view of the residential spaces on the first and second floors, and a recording room on the third floor that is met by the side, while making it reflect the surrounding scenery from the outside. The opposite, northwestern facade on the shorter side was planned as a simple exposed concrete-structure wall without openings, as it would be facing a linear building on a nearby site. The northwestern and southeastern facades on the longer side have strip windows in each center that serve as a window for the second floor, with bedrooms and windows as high in an atelier with double height on the first floor, dividing the relatively closed sides of the building into two masses. In order to further complement the closed feature of the facade, due to an atelier and recording room, we agreed with the client from the beginning that excessively Spartan outer wall materials should be avoided, if possible. After much deliberation, we were introduced by a landscaping designer to the Moss Catch System, a kind of Geo textile that has started to be used in improving the appearance of retaining walls, and applied the system to the building. A small landscaping company, which had imported the technology, developed in Japan, to Korea, offered installation service with special enthusiasm and even resolved technical problems such as the installation of watering facilities, since this was its first project using the technology as the finish material of a building. The product, manufactured by mixing two types of mosses which grow well on both south and north sides, were perfect for applying to this building, and currently sprouts of the mosses are gradually growing on the walls, making it a synthetic mass with multiple functions as part of the landscape in Heyri Art Valley.

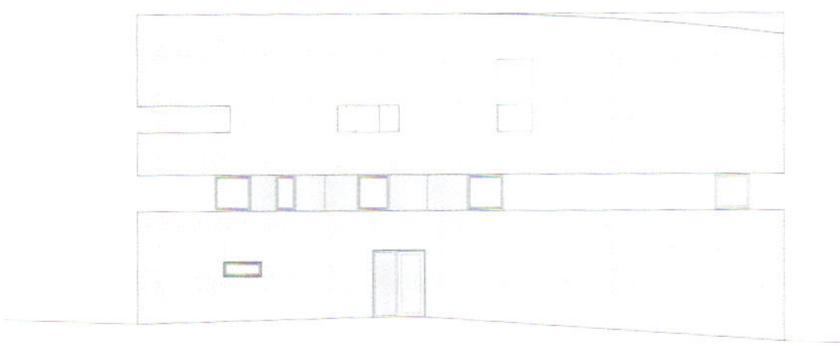

east elevation

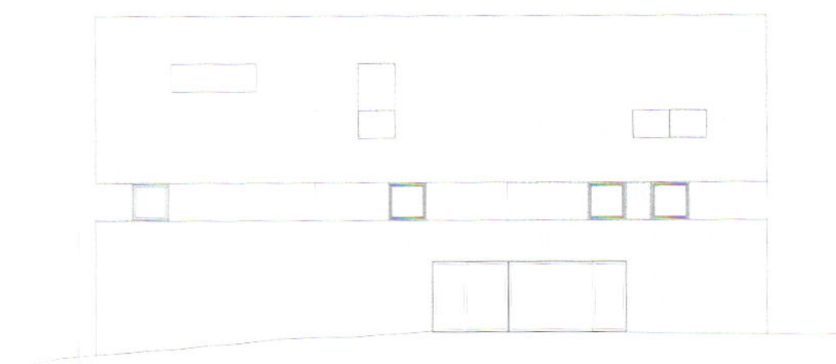

west elevation

설계사무소 매스 스터디스 **설계담당** 이정원, 김빈, 한범희 **위치** 헤이리 아트밸리 E-33 **용도** 근린생활시설 **대지면적** 534.20㎡ **건축면적** 181.26㎡ **연면적** 441.40㎡ **건폐율** 33.93% **용적률** 82.63% **규모** 지상 3층 **구조** 철근콘크리트조 **외부마감** 이끼부착시스템(일송 환경), 노출콘크리트, 반반사 유리 **설계기간** 2004. 1~2005. 2 **준공기간** 2005. 2~2005. 9 **구조** 터구조(박병순 소장) **조경** 환경디자인스튜디오(김용택 소장) **기계** 코리아 MEC. **전기** 성문엔지니어링 **시공** ㈜한우림 종합건설 **건축주** 이두현 **사진** 김용관 **이메일** massstudies@hotmail.com(매스 스터디스) **연락처** 02-790-6528(매스 스터디스)

Architect's office Mass Studies **Design staff** Lee, Joung-Won/ Kim, Bin/ Han, Beom-Hee **Location** E-33 Heyri Art Valley **Use** Mixed-use facility **Site area** 534.20㎡ **Building area** 181.26㎡ **Gross floor area** 441.40㎡ **Building coverage** 33.93% **Floor area ratio** 82.63% **Building scope** 3F **Structure** R.C. **Exterior finishing** Moss catch system, Exposed concrete, Semi-reflective glass **Design period** 2004. 1~2005. 2 **Construction period** 2005. 2~2005. 9 **Client** Lee, Du-Hyun **Photographer** Kim, Yong-Kwan

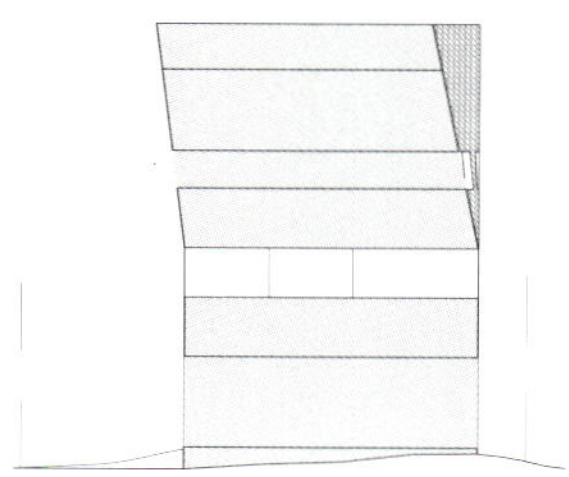

south elevation

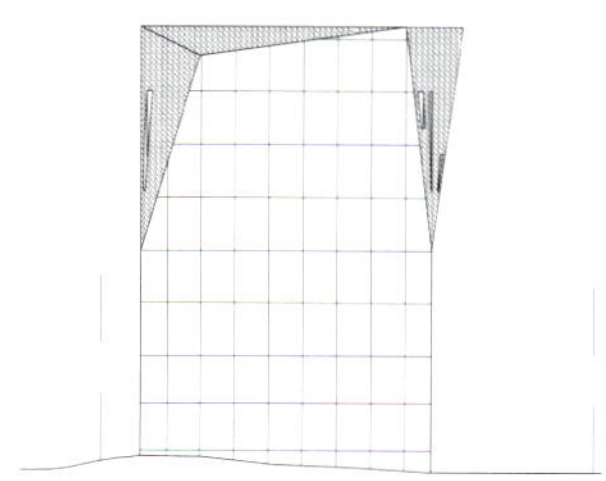

north elevation

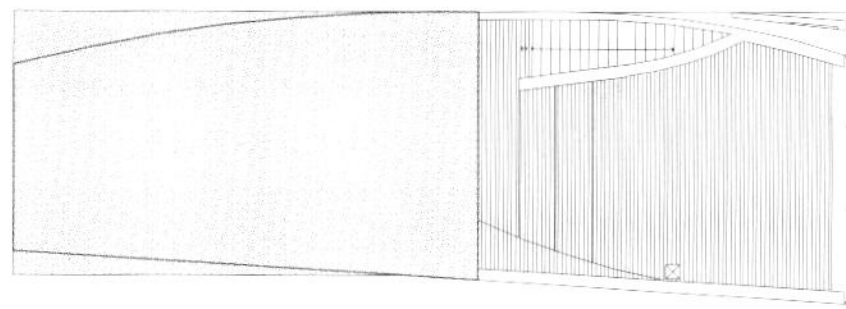

roof plan

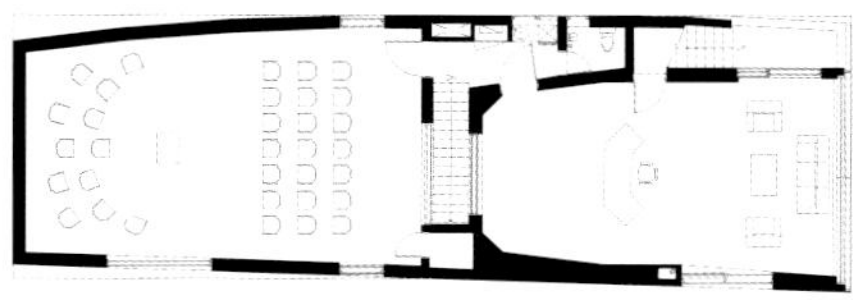

3f plan

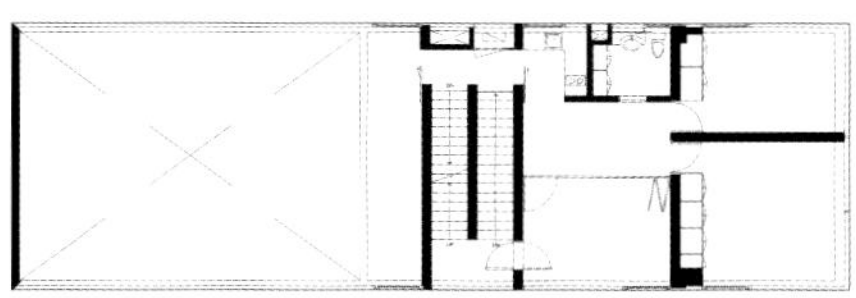

2f plan

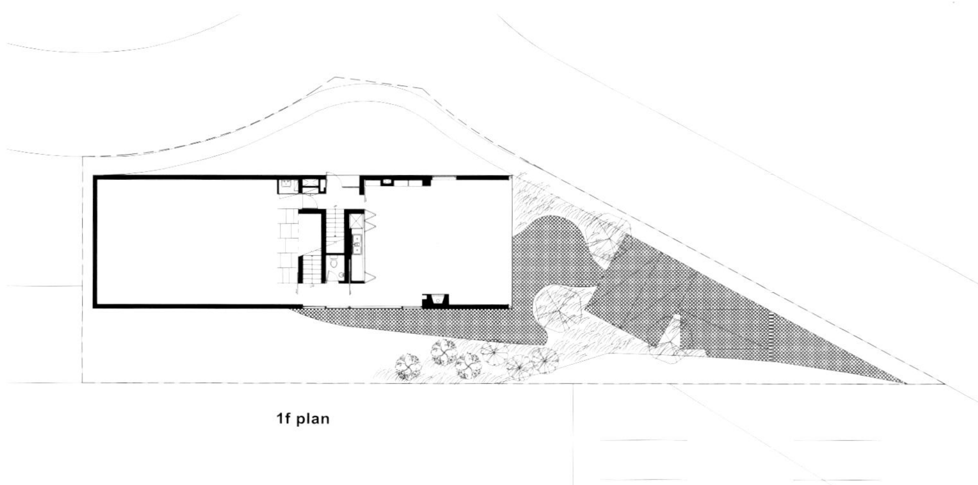

1f plan

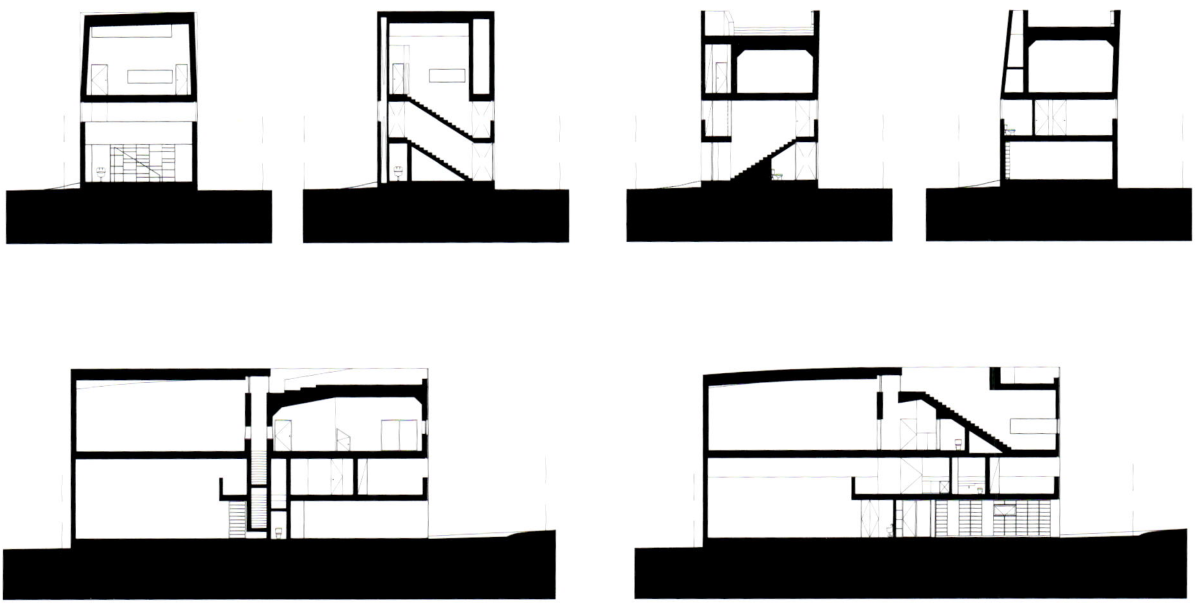

section

카메라타 황인용 음악 스튜디오

Came

조병수 Cho, Byoung-Soo

서울 근교, 휴전선과 그리 멀지 않은 어느 시골의 경사진 언덕에 위치한 〈카메라타〉는 서로 다른 성격을 가진 두 개의 프로그램을 큰 건물 안에 담는 것이 계획의 시작이었다. 그 하나는 건축주 가족의 일상을 담을 주택이고 다른 하나는 LP 음악을 듣는 공간이다.
건축주는 클래식 음악과 20세기 미국 팝 음악을 담은 1만여 장의 LP와 1930년대 미국에서 만들어 사용한 스테레오 오디오 장비들을 소장하고 있는 대단한 음악광이다. 한때 한국을 대표하는 인기 아나운서였던 그는 은퇴를 하면 고향에서 아내와 함께 자신이 좋아하는 음악을 들으며 여생을 즐기고자 하는 계획을 세우고 있었다. 그리고 그들의 음악 감상실은 일반인들에게 아니, 음악을 사랑하는 모든 이에게 개방하기를 원했다. 내가 이해할 수 있는 범위에서 건축주의 음악과 철학에 관한 경지는 높이 다달아 있었다. 더 나아가 그들은 미국 북서부 지역의 문화와 미학에 상당한 이해를 가지고 있었다. 그들은 로키 산맥을 끼고 있는 몬타나 지역의 자연을 배경으로, 한 미국 가정의 이야기를 그린 로버트 레드포드 감독의 '흐르는 강물처럼'이라는 영화를 좋아한다고 했다. 그리고 몬타나에 한번도 가보지는 못했지만 그곳의 맑고 조용한 강물을 좋아한다고 말했다. 몬타나에서 흔히 볼 수 있는 헛간에 관한 이야기를 건축주에게 했다. 헛간은 최소한의 창문을 가진 높은 공간으로 구성되어 있고, 그 창으로 들어오는 빛은 높고 정숙한 공간의 어둠을 극적으로 가른다. 이러한 공간에서 음악을 듣는다면 그 음악과 얼마나 많은 정신적인 교감을 얻을 수 있을 것인가! 그는 이 생각에 아주 만족스러워 했고, 나는 건물의 디자인을 시작했다.
설계는 단순한 박스에서 시작했고, 디자인 의도가 최대한 외부에 드러나지 않는 담백한 박스이기를 원했다. 그 박스는 경사 지형의 흐름과 경관을 따라 남북을 축으로 하는 두 개의 공간으로 나뉘고, 가볍게 떠 있는 철재 계단을 따라서 오르면 만나게 되는 수정원을 두 매스 사이에 위치시켰다. 이로써 남북으로 이어지던 고유한 자연의 흐름을 건축의 모습으로 회복하고자 했다.
분리된 두 매스는 주택과 음악 감상실이라고 하는 서로 다른 영역들을 시각적으로 극명하

rata
Music Studio and W-Residence

This music studio is placed on a sloping hill in a suburb of Seoul, near the North Korean border. The project contains two distinctively different programs. One is a residence for a small family and the second one is a LP music listening space. The client has a great collection of old LPs of 20th century American music and he listens to them with 1930's antique stereo equipment, mostly from the US. Once a nationally favored anchorman of Korea, he is preparing to retire and go back to his hometown area to rest and enjoy the rest of his life with his wife and music. The music listening studio is to be open to the general public or "whoever loves music".

The design inspiration for this project was a Montana barn in the way that the space evokes such a basic emotion. The client's were quite spiritual with regards to their listening taste and philosophy. In relating to me how much they loved the movie "A River Runs Through It", I told them of my love of Montana barns. I related how the barns are tall inside with limited windows and how light penetrates dramatically into the tall, dark, quiet spaces. We decided listening to music in that kind of space would be thrillingly spiritual.

Maintaining the interior simplicity and keeping the elongated rectilinear space as pure as possible without columns or beams was also an important concern for this music listening studio. To accomplish this, a large wooden platform constructed of sandwiched 2x12's was suspended from the ceiling of the concrete structure. The concrete wall inside worked as a background for the floating platform. The contrast of these two elements resulted in a primitive and simple space as was intended for listening to music.

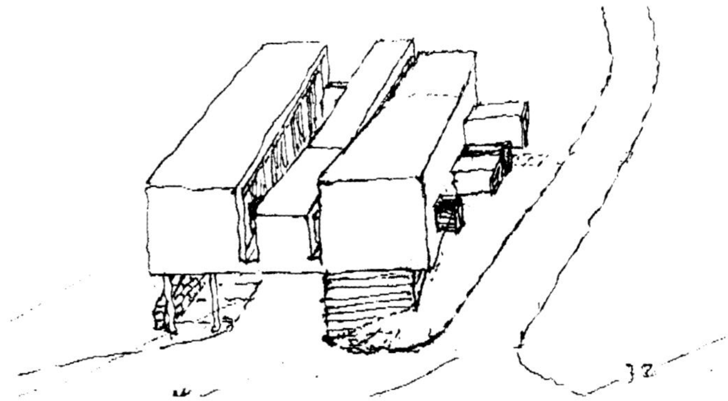

게 구분하고자 하는 의도였다. 이러한 의도를 바탕으로 자연스럽게 남북을 축으로 하여 주요 흐름을 담아내는 사이 공간을 만들었다. 이것은 더 나아가 땅과 공간의 관계를 더욱 적극적으로 만들어 주었다. 건물의 길이 방향을 따라 완만하게 올라 2층 수정원에 이르러 그 시선의 방향을 돌리면, 두 매스 사이의 수정원 안으로 하늘과 멀리 펼쳐진 산을 바라다 볼 수 있다. 가능한 가장 단순한 박스를 만들어야겠다는 의도를 지키기 위해서 주택과 음악 감상실 매스를 이어가는 전면에 철제 스크린을 이용했다. 철제 스크린의 사용으로 완벽하게 단순한 박스의 모습을 실현할 수 있었다. 아울러 후덥지근한 한국의 여름 날씨에 남측면을 바라보며 단독으로 서 있는 철제 스크린 위로 녹색의 담쟁이가 자리 잡으면, 주책과 수정원으로 드리워지는 뜨거운 여름 햇살을 막아주고 시원한 그늘을 만들 것이다. 그리고 겨울이 오면 담쟁이 잎이 떨어진 철재 스크린 사이로 따뜻한 햇살을 통과시킬 것이다. 가장 중요한 관심은 최대한 박스 내부의 단순함을 유지하는 것이었다. 기둥이나 보 없이 가능한 순수한 직사각형의 공간을 만드는 것은 음악을 듣는 공간을 위해서도 중요한 부분이다. 이것을 실현시키기 위해서 2″×2″ 미송 원목을 이어 붙여 만든 거대한 목재판(platform)을 콘크리트 천장에서부터 내려온 12가닥의 22mm 스틸 와이어에 매달아 거대한 콘크리트 공간 안에 부유하듯이 계획했다. 이러한 두 요소 사이의 대비로 음악을 듣기 위한 가장 원초적이고 단순한 공간을 만들게 되었다. 결국 콘크리트 박스는 단지 공간을 감쌀 뿐이며, 그 무채색 박스의 외벽면이 변화하는 자연의 배역이 되는 것처럼 벽의 안쪽은 부유하는 목재 바닥의 배경으로 작용하게 될 수 있었다.

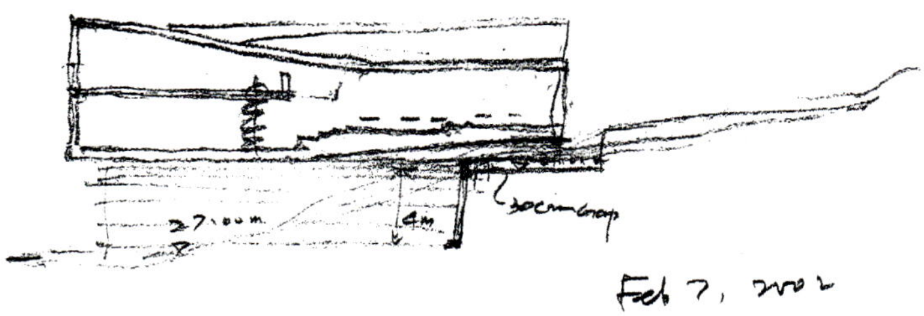
4m
30cm Gap
Feb 7, 2002

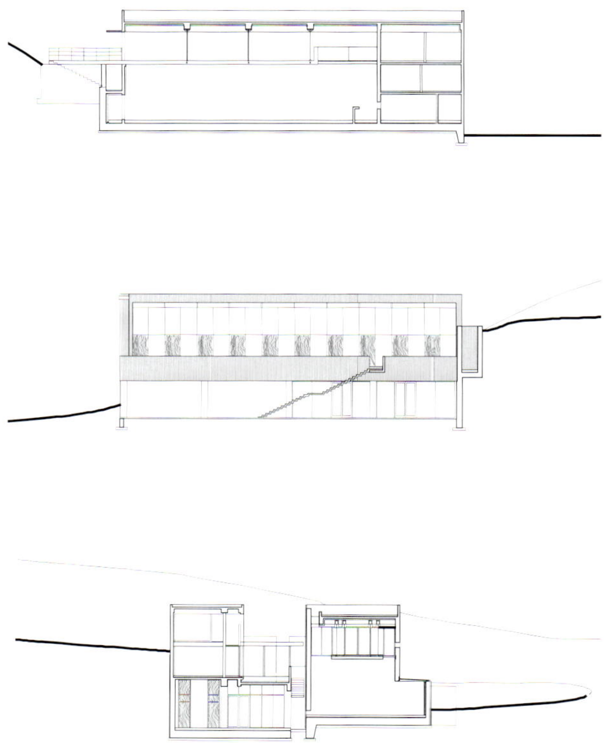

section

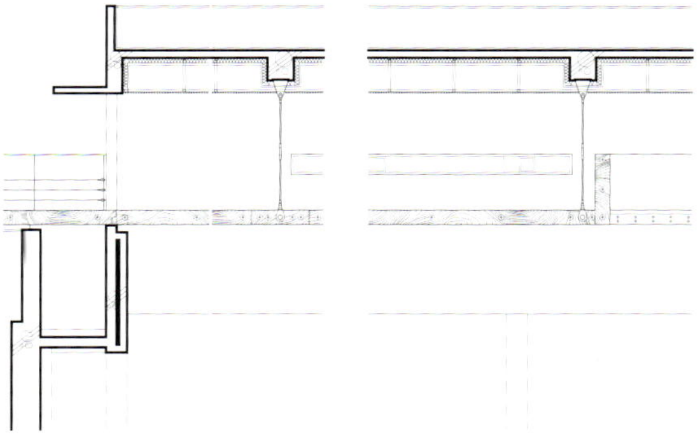

detail of wood structure

설계사무소 조병수 건축연구소 **설계담당** 조문현 **위치** 헤이리 아트밸리 G-18 **용도** 단독주택, 제2종 근린생활시설 **대지면적** 1,338㎡ **건축면적** 549.03㎡ **연면적** 917.54㎡ **건폐율** 41.03% **용적률** 68.58% **규모** 지상 3층 **구조** 철근콘크리트조, 목재 슬래브 **외부마감** 노출콘크리트, 적송 위 오일스테인 **사진** 김종오 **연락처** 02-537-8261(조병수 건축연구소)

Architect's office Byoungsoo Cho Architects **Design staff** Cho, Moon-Hyun **Location** G-18 Heyri Art Valley **Use** Residence, Mixed-use facility **Site area** 1,338㎡ **Building area** 549.03㎡ **Gross floor area** 917.54㎡ **Building coverage** 41.03% **Floor area ratio** 68.58% **Building scope** 3F **Structure** R.C., Wood slab **Exterior finishing** Exposed concrete, Oil stain on red-pine wood siding **Photographer** Kim, Jong-Oh

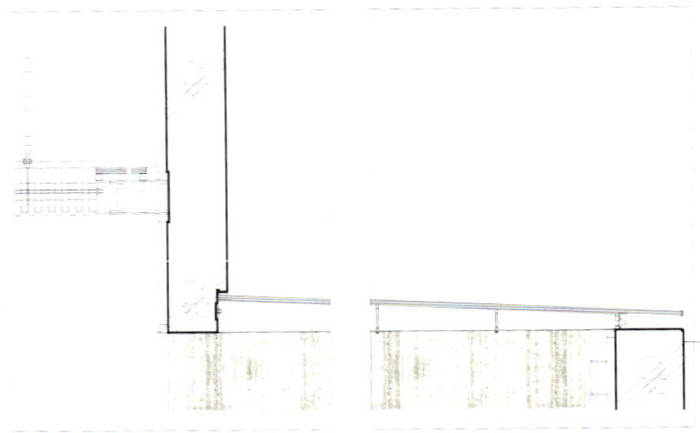

detail of skylight

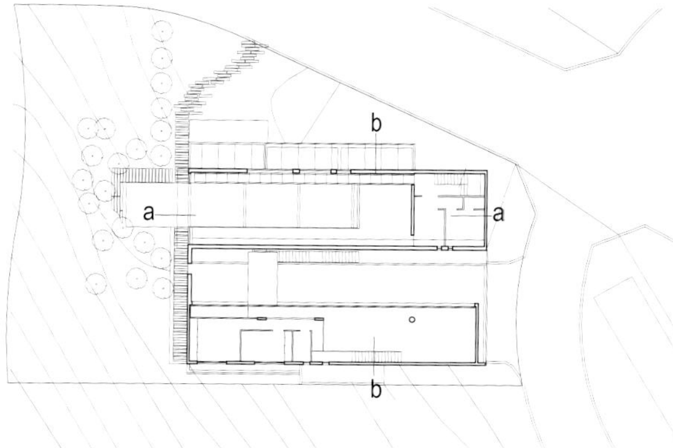

3f plan

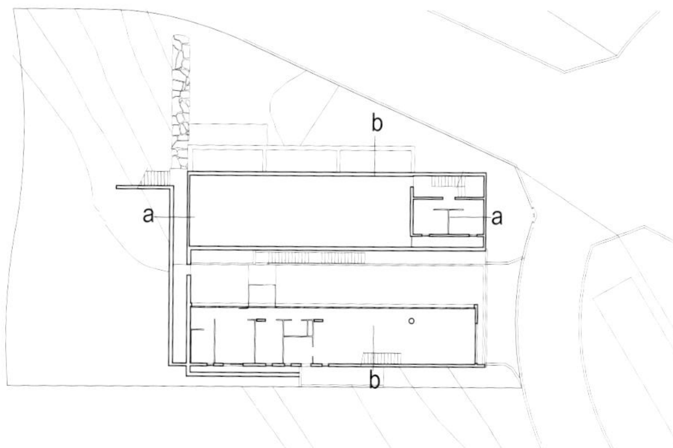

2f plan

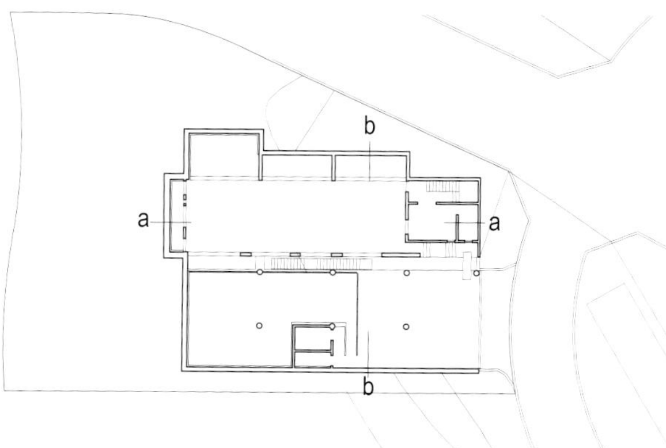

1f plan

한길 아트 스페이스 3

Hangil

최두남 Choi, Du-Nam

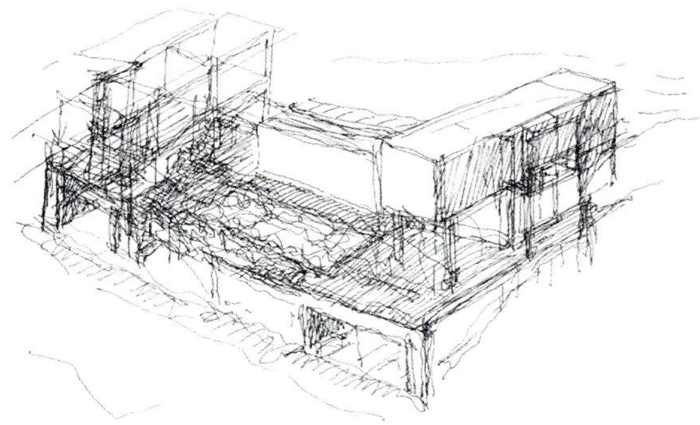

Art space 3

대지는 헤이리 아트밸리를 관망할 수 있는 상부에 위치한 400평 가까운 땅으로서 경사진 산기슭에 자리 잡고 있다. 경관은 서쪽으로 틔어 있으므로 배치에 있어 남향과의 절충이 필요한 상황이다.
건물의 프로그램은 크게 나누어 주택과 전시 시설이다. 주택 역시 추후에 주거시설 이외의 다용도 목적으로 쓰일 수 있는 여지가 있도록 설계 의뢰를 받은 상황에서 내외 동선의 원활함과 가변성이 용이한 매스 설정이 중요한 이슈로 부각되었다. 이러한 관점에서 주거와 전시시설이 각각의 독립성을 유지하되 상황에 따라 연계성을 가질 수 있도록 외부 공간이 서로의 커넥터 역할을 할 수 있도록 배려하였다. 매스 설정에 있어서는 수평적으로 펼쳐져 있는 대지의 장축을 최대한 살리고자 하는 의도에서 대지를 가로지르는 수평적 매스를 하부에 앉혔다. 또한 대지의 경사진 산기슭 좌우측에 동서 방향으로 대지를 파고드는 수직적 매스를 배치하였다. 그리하여 산이라는 큰 흐름과 대지 자체의 국부적인 지세를 동시에 반영하려는 노력을 하였다.

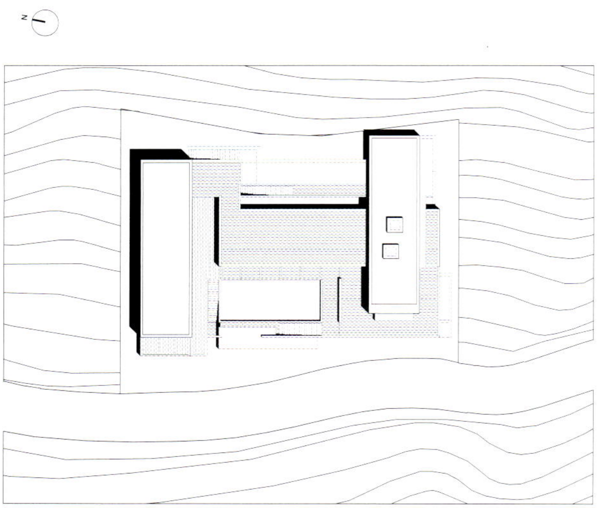

site plan

north elevation

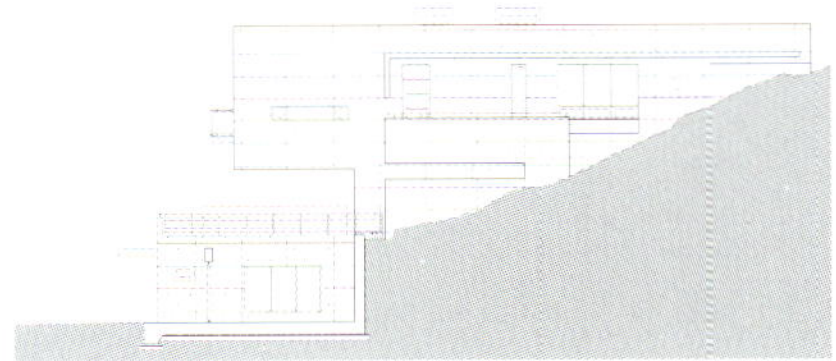

south elevation

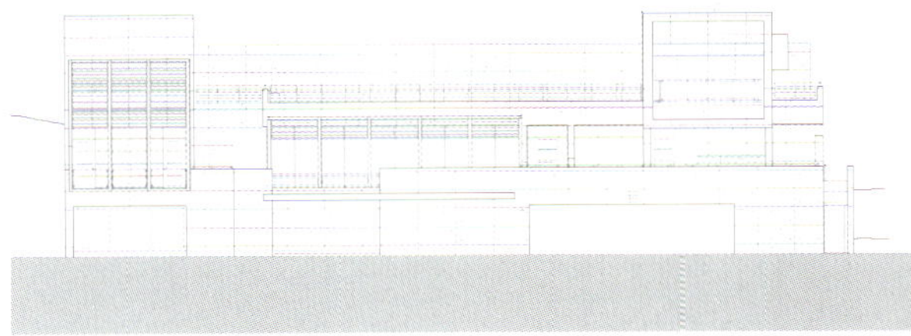

west elevation

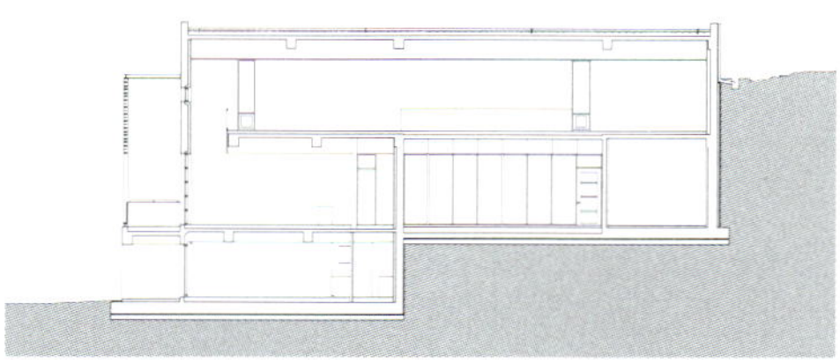 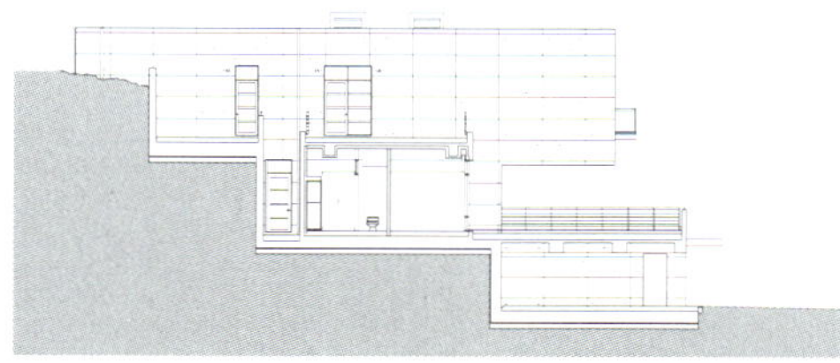

section

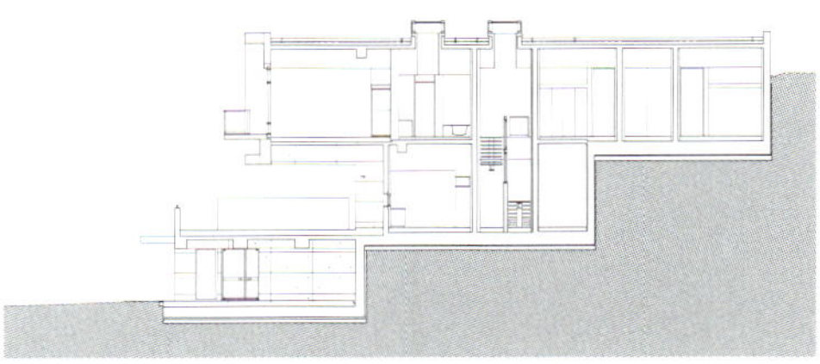

section

설계사무소 건축사사무소 DCA **위치** 헤이리 아트밸리 A-3 **용도** 근린생활시설, 단독주택 **대지면적** 1,292.60㎡ **건축면적** 568.90㎡ **연면적** 773.80㎡ **건폐율** 44.01% **용적률** 59.86% **규모** 지상 3층 **구조** 철근콘트리트조 **내부마감** 내벽 · 천장- 석고보드 위 수성페인트, 바닥- THK30 천연 슬레이트, 온돌마루 **외부마감** THK22 투명 복층유리, 노출콘크리트 **설계기간** 2001. 9~2002. 10 **구조** 단 · 구조 기술사사무소 **전기** 지성설계컨설턴트 **설비** 하니시스기술사사무소 **사진** 김종오 **연락처** 02-766-4585(건축사사무소 DCA)

Architect's office DCA Architects **Location** A-3 Heyri Art Valley **Use** Mixed-use facility, Residence
Site area 1,292.60㎡ **Building area** 568.90㎡
Grass floor area 773.80㎡ **Building coverage** 44.01%
Floor area ratio 59.86% **Building scope** 3F **Structure** R.C.
Interior finishing Wall · Ceiling- Painting on gypsum board, Floor- Natural slate THK30, Ondol flooring
Exterior finishing Transparent pair glass, Exposed concrete
Design period 2001. 9~2002. 10 **Photographer** Kim, Jong-Oh

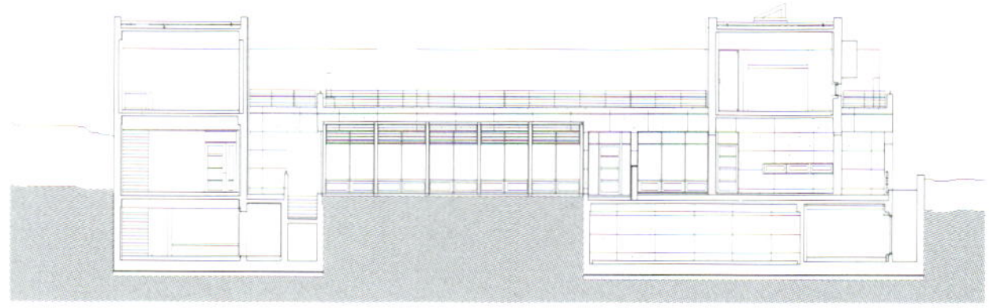

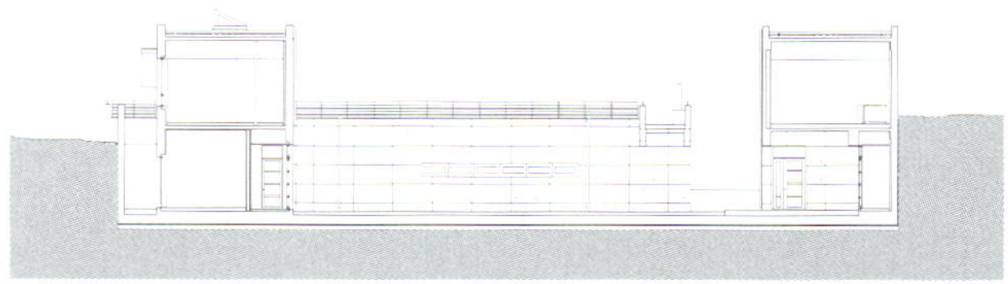

section

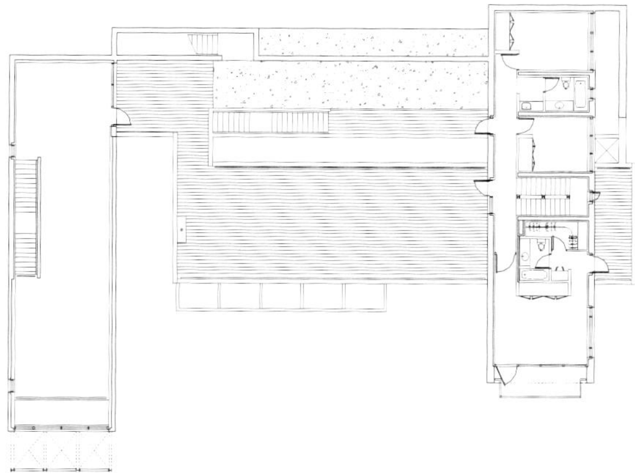

3f plan

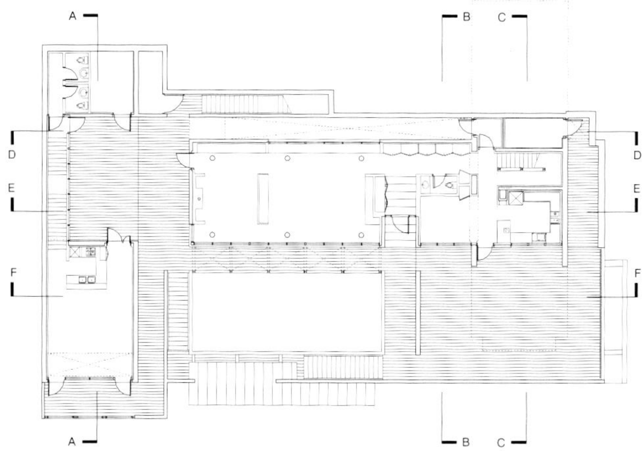

2f plan

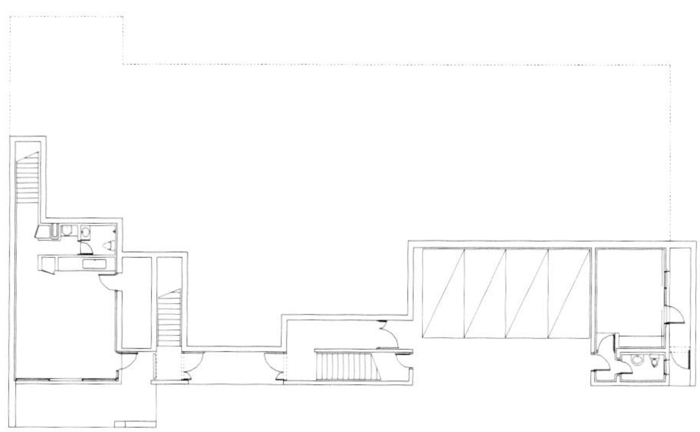

1f plan

풍경 띄우기/ 존재 흐리기

대지는 혜이리를 나누고 있는 다섯 개의 봉우리 중에서 높고 울창한 숲으로 가려진 급한 경사지로 저 멀리 산 너머로 지는 해를 바라보기 더 할 나위 없이 좋은 장소이다.
정한숙 선생의 기념관으로 지어지는 이 건물은 여러 레벨을 바탕으로 부여된 기능을 배치하고, 관심은 주변 환경으로 이어져 자연과 함께 공존하는 방법에 대한 생각에서 시작되었다.
포디엄에 기념관 기능이 배치되면서 급한 경사지는 튼튼한 기초를 얻고 먼 곳에서 바라보아도 건물이 자연 속에 묻히도록 했다.
2층은 가느다란 철재 멀리언(50×50)이 기둥 역할을 하고 투명 강화유리로 구획하여 건물의 내부와 외부 자연의 시각적 경계를 최소화하는 데 중점을 두었다. 슈퍼 미러 스테인리스로 감싼 멀리언은 조각난 외부의 풍경을 내부로, 내부의 모습을 외부로 반사되어 경계 흐리기 도구로 사용했다.
최소 크기의 부재만으로 틀을 만들기 위한 노력은 미리 미터의 치열한 싸움으로 시작되어 엄격한 설계 지침처럼 공사 끝까지 괴롭혔다.

정한숙 기념관

Cheong

Memorial Han-Sook

최문규 Choi, Moon-Gyu

Nature Reflector

Seated on the small mountain, this small Memorial Hall is the reflector of the nature around it. The program of the building consists of three parts. The hall seats on the steep slope is a major space but can't be perceived from the backside road. Merges into the land with heavy exposed concrete, it works as a podium of the whole building. This space will be used as a conference hall. On the top of this heavy mass, a really light structure stands. The second floor is a transparent glass box that will be used as a rest space and a tearoom. The upper floor that is wrapped with reflective glass has two bedrooms as well as a living space. From the distance the building hide itself with the reflected images around it. And as one moves toward the building, it changes the scene with the movement of the observer. The ever changing movement and the nature on different time is captured in the floating mirror in

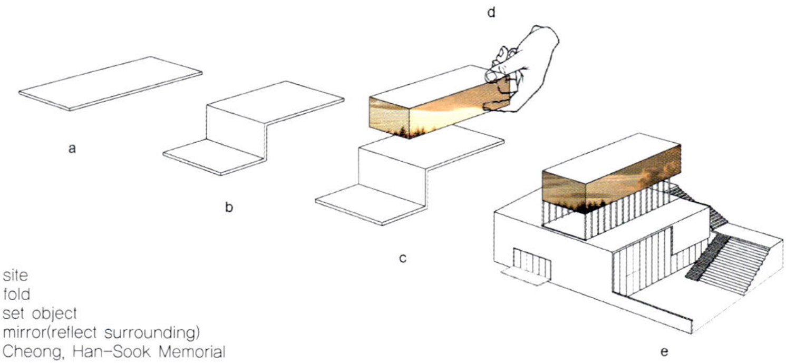

concept

3층의 주거 부분은 반사 복층유리로 자연 속에서 반사된 자연을 담아 시간과 자연의 움직임이 반영되는 모조된 자연을 보여주려 했다. 프라이버시를 고려한 내부의 슬라이딩 도어는 한낮에는 자연을 반영하고, 한밤에는 외부를 규제하는 이중 장치 역할을 한다.

유리가 가지고 있는 양면적 성격(반사, 투과)을 모두 이용하여 2층은 맑고 투명한 유리가 자연을 있는 그대로 투과시키고, 3층은 낙엽이 지고 해가 뜨고 달이 지고 있음을 인식시키는 도구로 반사유리가 사용되어, 마치 풍경은 구름처럼 떠다니기도 하고 자연 속으로 들고 나기도 한다.

both sides. To make the second floor transparent as much as possible, there are no big columns to support the upper floor.
Instead small mullion like small custom made steel pipes are used. Wrapped with super mirror finish stainless steel plate the mullions also reflect the nature and dematerialize themselves. The whole process of the project was to minimize the boundary between the artificial and the nature with real artificial material-glass and mirror.

설계사무소 (주)가아건축사사무소 **설계담당** 강인철, 송봉기, 강제용, 윤태권, 고대곤, 김정희 **위치** 헤이리 아트밸리 A-9 **대지면적** 754.4㎡ **건축면적** 122.67㎡ **연면적** 476.32㎡ **건폐율** 17.61% **용적률** 63.14% **규모** 지상 3층 **구조** 철골 철근콘크리트조 **외부마감** T24 반사 복층유리, T12 강화유리 **설계기간** 2001. 11~2002. 6 **준공기간** 2002. 11~2003. 8 **구조** 신구조 **기계** 한온이엔지니어링 **전기** 동호기술단 **조명** 이온 에스엘디 **시공** (주)제효 **건축주** 정지태 **사진** 문정식, 남궁선 **홈페이지/이메일** www.gaa-arch.com/gaa99@korea.com **연락처** 02-523-3443(가아건축)

Architect's office Ga.A Architects **Design staff** Kang, In-Chul/ Song, Bong-Ki/ Kang, Je-Yong/ Yun, Tae-Kwon/ Koh, Dae-Gon/ Kim, Jeong-Hui **Location** A-9 Heyri Art Valley **Site area** 754.4㎡ **Building area** 122.67㎡ **Gross floor area** 476.32㎡ **Building coverage** 17.61% **Floor area ratio** 63.14% **Building scope** 3F
Structure Steel frame+R.C. **Exterior finishing** Pair glass THK24, Tempered galass THK12 **Design period** 2001. 11~2002. 6 **Construction period** 2002. 11~2003. 8 **Structural Engineers** Shin Structural Eng. **M.E.P** Han On Eng., Dong-Ho Eng. **Lighting** Eon Sld. **Construction** JEHYO Industry **Client** Cheong, Ji-Tae **Photographer** Moon, Jeong-Sik/ Namgoong, Sun

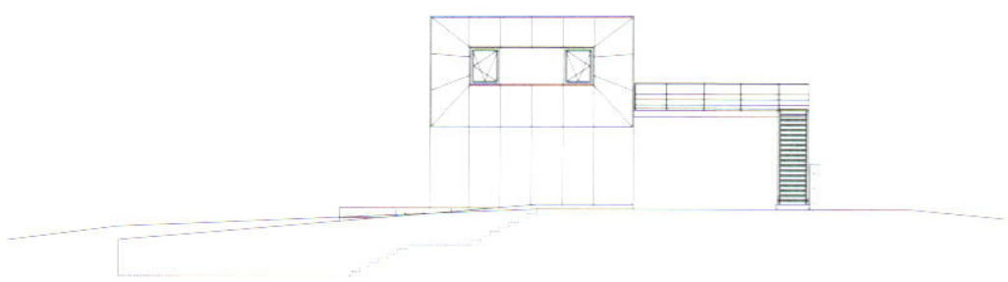

east elevation

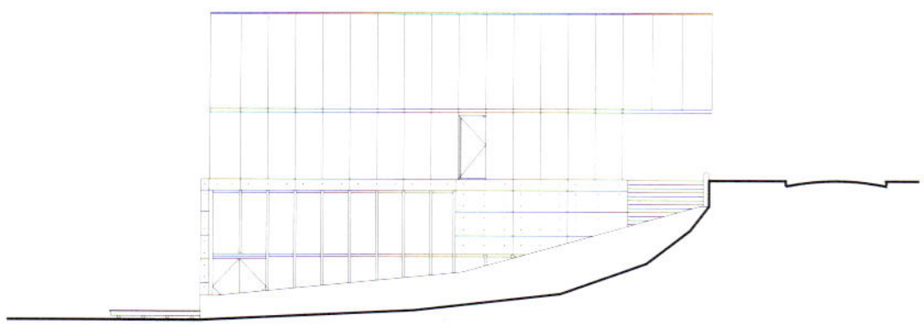

south elevation

section

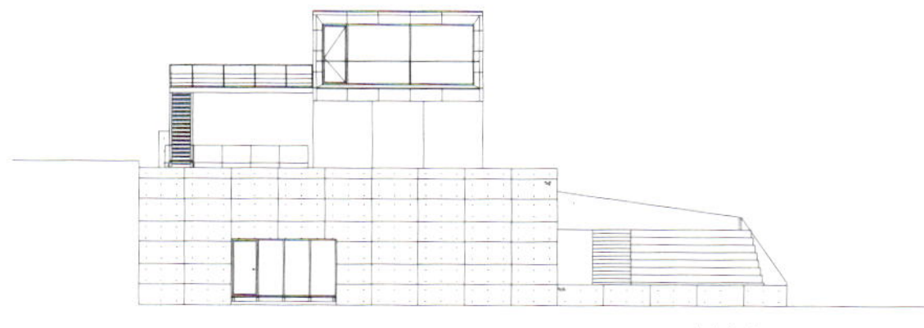

west elevation

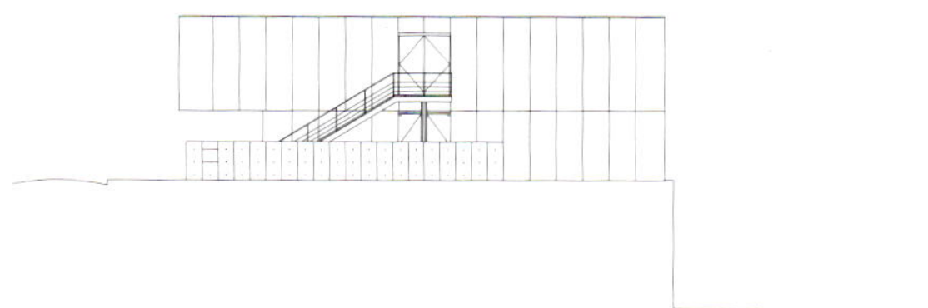

north elevation

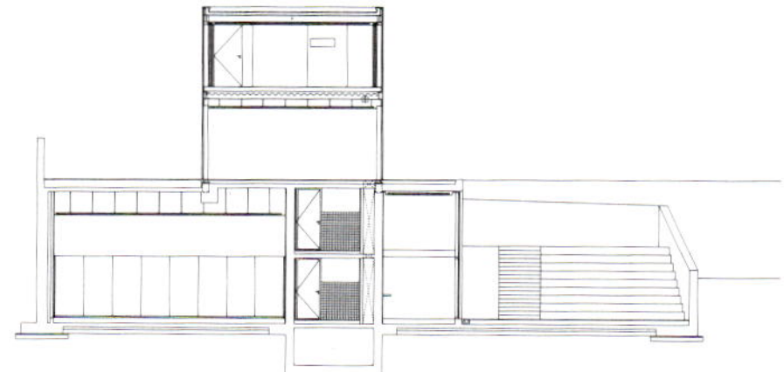

section

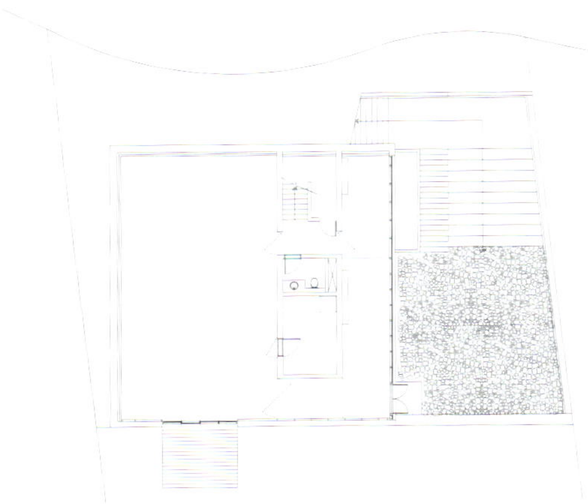

1f plan

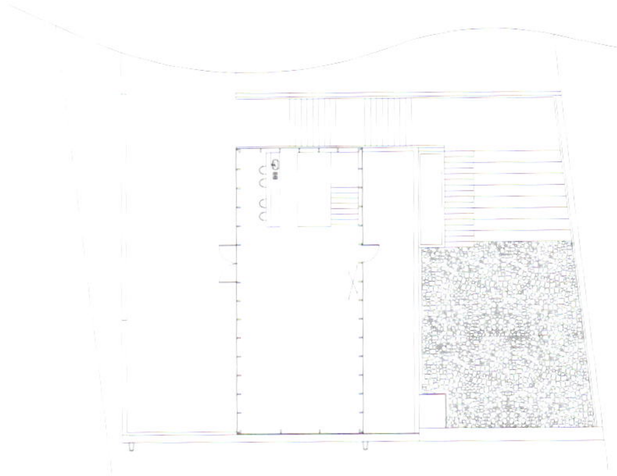

2f plan

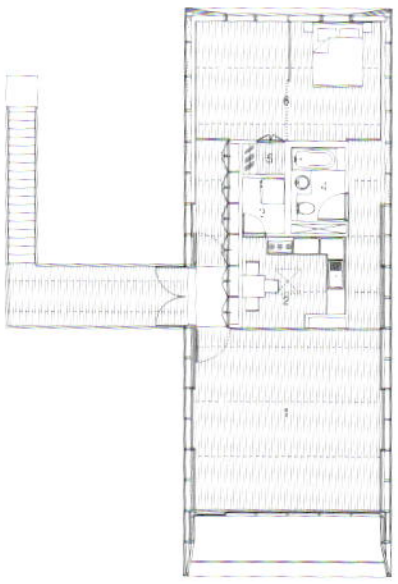

3f plan

dalki's note

딸기는 어린이들과 10대들을 위한 의류 또는 기타 '팬시 상품'을 위해 창조된 만화 캐릭터(키티, 마시마로 같은)로 바나나, 레몬, 수박, 똘밤, 똥치미로 불리는 그녀의 친구들과 함께 상상의 공간에서 존재한다.

〈딸기 테마 파크〉는 이러한 상상된 캐릭터들이 이곳을 방문하는 사람들과 실제의 물리적 공간에서 서로 만날 수 있도록 계획된 공간이다. 이곳에서는 쇼핑과 놀이, 식사 등의 행위가 이루어지며 동시에 다양한 스케일에서, 여러 종류의 자연에서 이들 캐릭터들이 함께 보여 지는 곳이다.

종종 교육에 의해 만들어진 이분법적 고정 관념(상상/실제, 쇼핑/놀이, 자연/인공, 대지/건물, 문화/상업)은 이러한 상상된 세계를 보고 빠져들기 어렵도록 '불신'을 만든다. 여기서는 문학으로부터 '불신의 유예(허구 믿기)'라는 개념을 빌려와 이러한 이분법의 경계를 흐리게 하고, 공간과 프로그램의 유연한 구성으로 딸기의 '이야기' 속으로 사람들이 빠져들도록 한다.

건물은 수직적으로 3개의 영역으로 구분되어 있는데, 하부의 도로에 면한 1층은 일반적인 스케일에서 벗어난 인공적인 정원이다. 가운데 레벨의 영역은 제품 판매, 식 · 음료 등의 다양한 기능들이 실 · 내 외에서 개방감을 가

딸기가 좋아

최문규+조민석+제임스 슬레이드
Choi, Moon-Gyu+Cho, Min-Suk+James Slade

I like

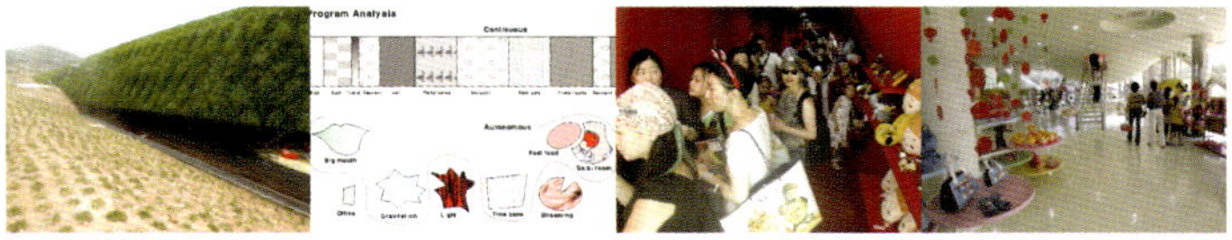

Dalki is a cartoon character invented to market clothes and other products for children and young adults. She is an imaginary girl who lives in a garden with her friends.
〈Dalki Theme Park〉 is a building where these imaginary characters interact with human visitors in a real, physical setting. The space accommodates shopping, playing, eating and lounging as well as exhibits dealing with scale, nature and the Dalki characters.
Learned dichotomies(imaginary/real, shopping/play, natural/synthetic, site/building, culture/commerce) and different scales create a critical distance, disbelief, which potentially keeps users from fully engaging the realization of this imaginary world. Borrowing strategies for suspension of disbelief from literature, our project blurs these dichctomies and eases users into the story of Dalki with a fluid organization of space and program.

The building defines three zones vertically. The open ground level is a scaleless artificial garden. Different

Dalki Theme Park

dalki

 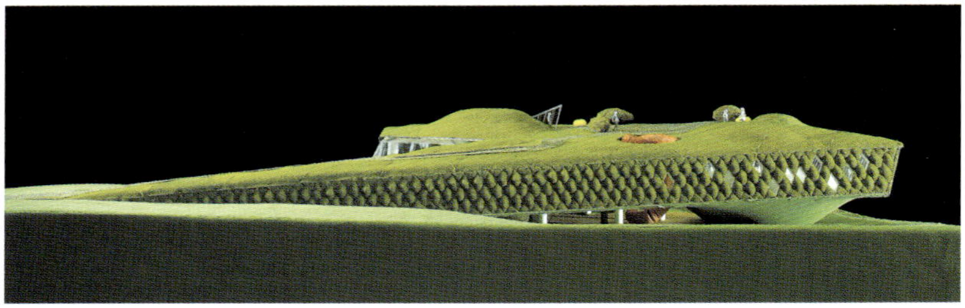

지고 섞여 있다. 상부의 쉼터인 옥상 정원은 주변 자연환경의 연장으로써 잔디가 덮인 공원 역할을 한다.
이 세 개의 레벨들이 서로 대지와 함께 엉켜져 있고, 이를 통해 각 영역 간에, 또 대지와 건물 간에 끊어짐 없는 연결이 이루어지고 있다. 이 속에서 이 프로젝트는 단순히 자연으로부터의 추상으로써의 건축물이라기보다 하나의 혼성적인 극사실/재현을 통해 자연을 모방하며 동시에 자연이란 무엇인가라는 질문을 던진다.

뒤엉킴(Merging)은 각 영역 간에 그리고 실내와 실외에서, 건물과 주변 랜드 스케이프 사이에서, 그리고 프로그램 간의 매끄러운 전환을 가능케 한다. 이 세 영역의 수직적 겹침 안에는 또 다른 종류의 연결 방식이 있다. 이는 마치 인터넷의 하이퍼텍스트처럼 사람들을 비선형적으로 한 공간에서 다른 공간으로, 또 다른 프로그램으로 건너 뛸 수 있게 한다. 이러한 두 가지의 연속적이며 불연속적인 공간과 프로그램들의 배열들은 각 방문객들이 자유롭게 궤적과 공간의 시퀀스를 선택해서 자신들만의 경험을 창조할 수 있도록 한다.

program areas spread throughout the raised interior level encourage mixing between programs and openness. A garden and lounge on the roof extend the natural landscape, referring to four lush surrounding hills. Rather than abstracting from nature, the building is a synthetic hyper-representation of nature(meta-real): mimicking while questioning the nature of nature. Merging these levels into each other and into the site creates a seamless transition between zones and between building and site.

Merging allows smooth transitions between zones, from interior to exterior, building to landscape and between programs. The vertical overlap allows another type of connection the short circuit. Like hypertext in html, users can jump in a non-linear way from one space/program to another, bypassing the sequence. The combination of the smooth flowing spaces, mixed program distribution and short circuits allows users to choreograph their experience by choosing trajectories or spatial sequences.

site plan

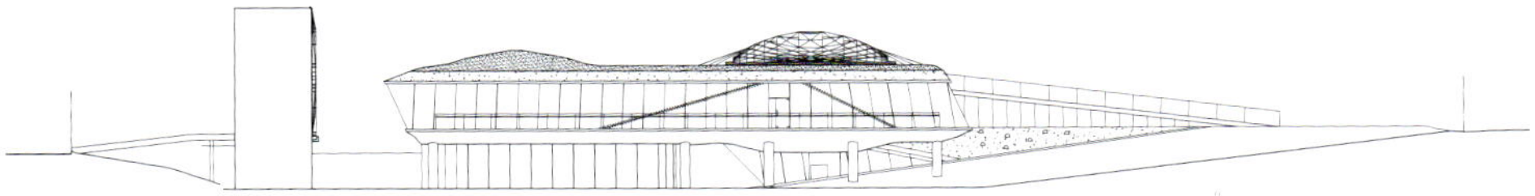

south elevation

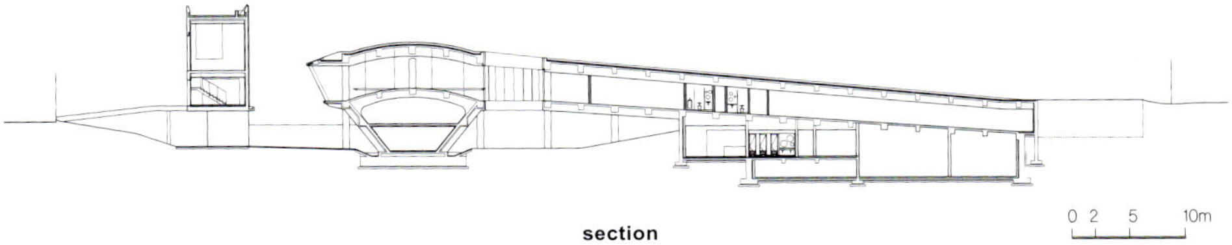

section

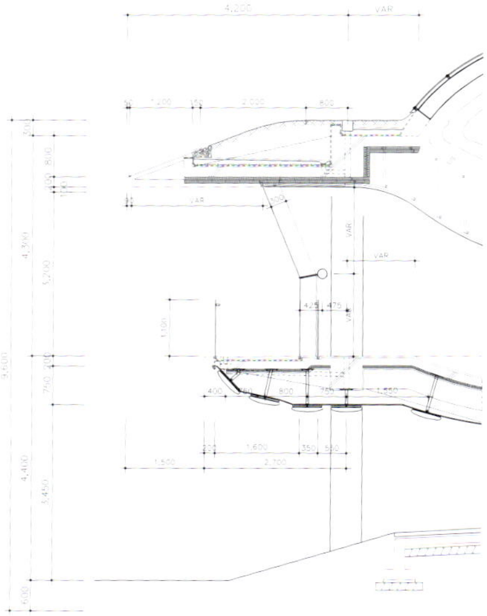

detail

설계사무소 (주)가아건축사사무소+매스 스터디스+슬레이드 아키텍처 **설계담당** 김정희, 차광호, 강인철, 윤태권, 송봉기, 고대곤, 강제용(가아건축)/ 박기수(대표), 이정원, 이순표, 최순복, 김현정, 유별남(매스 스터디스)/ Hayes Slade, Ilya Korolev, Francisco Pard(슬레이드 아키텍처) **위치** 헤이리 아트밸리 H-69-1 **용도** 근린생활 시설 **대지면적** 3,580.20㎡ **건축면적** 1,522.53㎡ **연면적** 2,480.33㎡ **규모** 지상 2층 **주요소품** 캐릭터(딸기, 바나나, 레몬, 똘밤, 수박) **주요마감** 바닥-투명 에폭시 코팅, 벽- 석고보드 위 비닐페인트, 천장- 석고보드 위 비닐페인트 **설계기간** 2002. 1~2002. 10 **준공기간** 2003. 1~2004. 6 **조명** 매입등, 월 워셔 **가구** FRP 성형, MDF 제작 **아티스트 협력자** 이형주 **벽화 아티스트** 사사, '사사 똥치~임 Ver. 2' **시공** 한울종합건설(주)(02-516-9500)- 김대식, 현장소장 최상용 **건축주** (주)쌈지- 천호균 **사진** 김용관 **홈페이지/이메일** www.gaa-arch.com/gaa99@korea.com(가아건축), massstudies@hotmail.com(매스 스터디스), games@sladearch.com(슬레이드 아키텍처) **연락처** 02-523-3443(가아건축), 02-790-6528(매스 스터디스)

Architect's office Ga.A Architects+Mass Studies+Slade Architecture **Design staff** Kim, Jeong-Hui/ Cha, Kwang-Ho/ Kang, In-Chul/ Yun, Tae-Kwon/ Song, Bong-Ki/ Koh, Dae-Gon/ Kang, Je-Yong(Ga.A Architects) Park, Ki-Su(President)/ Lee, Joung-Won/ Lee, Soon-Pyo/ Choi, Sun-Bok/ Kim, Hyun-Jung/ Yoo, beyl-Nam(Mass Studies) Hayes Slade, Ilya Korolev, Francisco Pard(Slade Architecture) **Location** H-69-1 Heyri Art Valley **Use** Mixed-use facility **Site area** 3,580.20㎡ **Building area** 1,522.53㎡ **Gross floor area** 2,480.33㎡ **Building scope** 2F **Design period** 2002. 1~2002. 10 **Construction period** 2003. 1~2004. 6 **Artist collaborator** Lee, Hyung-Joo **Mural artist** SaSa, 'SaSa DongChi~Im Ver. 2' **Construction** Hanool Construction(Kim, Dae-Sik/ Construction Manager: Choi, Sang-Yong) **Client** SSamzie Co.(Chun, Hok-Yun) **Photographer** Kim, Yong-Kwan

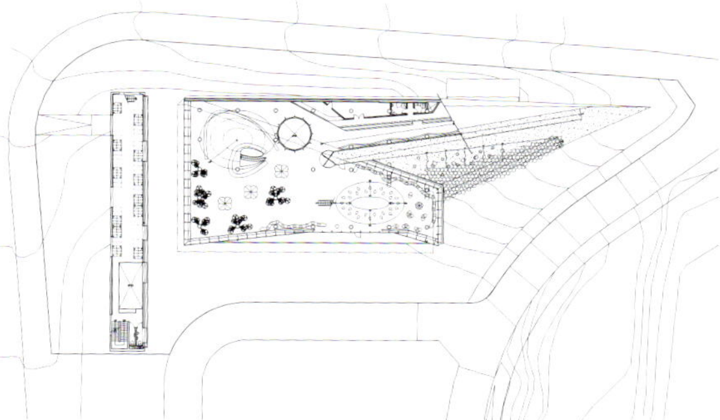

2f plan

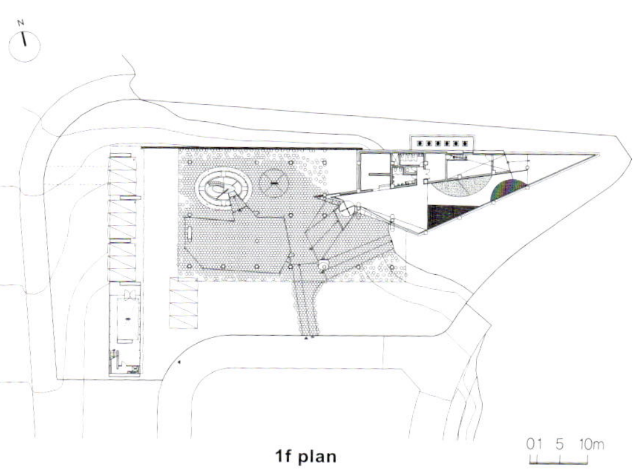

1f plan

DALKI

93 뮤지엄

93

최 욱 Choi, Wook

건축주인 구삼본 선생과는 헤이리 멤버들과 함께한 이탈리아 기행에서 처음 뵙게 되었다. 오래 전부터 친분이 있는 어느 베트남 화가와 내가 닮았다고 했다. 건축가를 소개하는 헤이리 책자에 실린 한옥 리노베이션 때문인지, 인물화 미술관을 함께 구상하게 되었다.

건축주의 요구
1. 경제적인 구조물일 것
2. 관리 동선이 명확하고, 세 명의 인원으로 관리할 수 있도록 계획할 것.
3. 건축물 유지 관리가 용이하고 공간의 기능 변용이 가능하게 할 것.

〈93 뮤지엄〉은 인물화를 전시하는 곳으로 조선시대 및 중국 초상화, 현대 인물화, 사진 및 현대 누드화에 이르기까지 인물에 관련된 회화 및 사진을 전시하는 전문 미술관이다. 건축물은 주 미술관과 관리동으로 분리된 두 개의 매스가 외부 공간과 병치되는 구성을 하여 미술관과 외부 공간이 가지는 시설과의 적극적 관계를 형성한다.
단순한 박스 형태의 주 미술관의 공용 부분은 자연 빛이 통과하는 3개 층이 열려 있는 단면 구조를 가짐으로써 전시 공간이 인공 조명을 사용하는 반면, 공용 부분이나 이동 동선은 자연 채광으로 이루어진 빛으로 만들어진 가벼운 덩어리다.

건축물의 주 재료는 벽돌과 미장, 정성으로

Museum

The first time I have met the client, Gu, Sam-Bon, was through the trip in italy with Heyri members. He said I remind him of this vietnamese artist whom he has known for a long time. Due to the Heyri about Korean traditional house renovation we have decided to establish the Museum for portraits.

1. Economic structure
2. The clearance of the controled passage and the plan for the three working staffs only.
3. Easy maintainance for the building and the open possibilities of changing the functions of the space.

⟨93 Museum⟩ is to exhibit the portraits from Chosun Dynasty, Chinese and modern portraits as well as photography and nude portraits. The museum is divided to the two separated masses, the exhibition and the management buildings, juxtaposed with outside space which demonstrates the dynamics of the museum and the outer space.
A simple box-shaped public space of the main museum is passing natural light through its opened 3 stories. The exhibition space uses the artificial lighting

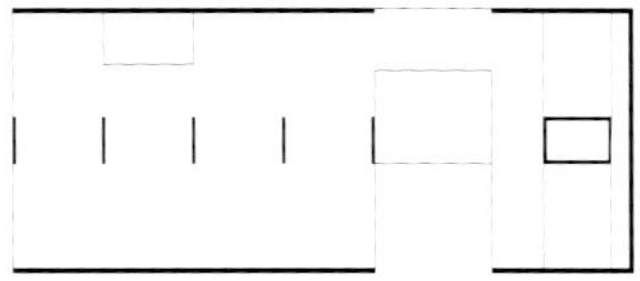

structure

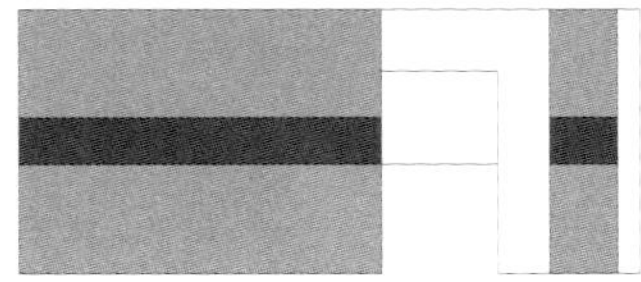

core

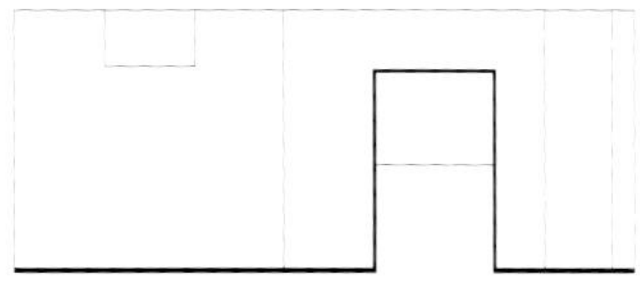

court

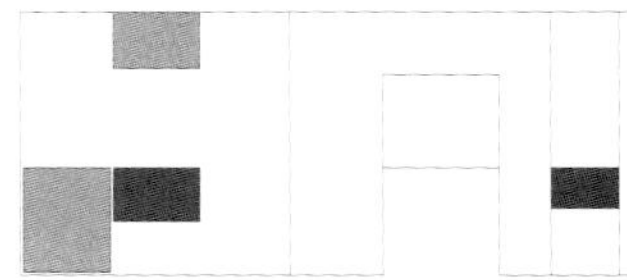

void

만들어진 기교 없는 구축으로 이는 자체의 형태 이미지가 강조 되는 건물이 아닌, 스스로가 표정을 가진, 시간의 흔적이 묻어나는 건축물이다.
관리동과 외부 공간을 공유한 별동으로 이루어진 한옥은 명륜동의 옛 한옥을 옮겨와 재보수한 것으로, 손님을 맞이하는 장소임과 동시에 전체 대지의 경계를 만드는 역할을 함으로서 외부 공간(마당)을 적절한 크기로 한정하고 동시에 뒤편 낮은 언덕 풍경의 일부가 된다.
〈93 뮤지엄〉은 특별함보다는 적절함으로 만들어진 공간이다. 시간과 함께 주변과 성장하고 적응하는 오래 된 바위 같은 건축이다.

while the public space and the hallways are illuminated with the natural lighting.

The main materials of the building are bricks and plasters, constructed with dedication. This shows the trace of time in construction, revealing itself naturally rather than artificially emphasizing its shapes.
The Korean traditional house for occasional buildings is moved from Myungryun-Dong and renovated. It is a space for greeting guests, and for bounding the whole site. It limits the outside space for its adequate size, and becomes a part of the low-hilled landscape of the backside view.
The space of the museum emphasizes the universality of the architecture, rather than the peculiarity. 〈93 museum〉 is like an old rock, growing and adapting with time.

설계사무소 One o one design **설계담당** 김현수, 최진석 **위치** 헤이리 아트밸리 G-31 **대지면적** 2,082.6㎡ **건축면적** 691.43㎡ **연면적** 1,842.74㎡ **건폐율** 33.20% **용적률** 63.62% **규모** 지하 1층, 지상 3층 **구조** 철근콘크리트조 **외부마감** 벽돌, 미장 **건축주** 구삼본 **사진** 김종오 **홈페이지** www.oneonedesign.com **연락처** 02-739-6363(One o one design)

Architect's office One o one design **Design staff** Kim, Hyun-Su/ Choi, Jin-Suk **Location** G-31 Heyri Art Valley **Site area** 2,082.6㎡ **Building area** 691.43㎡ **Gross floor area** 1,842.74㎡ **Building coverage** 33.20% **Floor area ratio** 63.62% **Building scope** B1, 3F **Structure** R.C. **Exterior finishing** Brick, Plaster **Client** Gu, Sam-Bon **Photographer** Kim, Jong-Oh

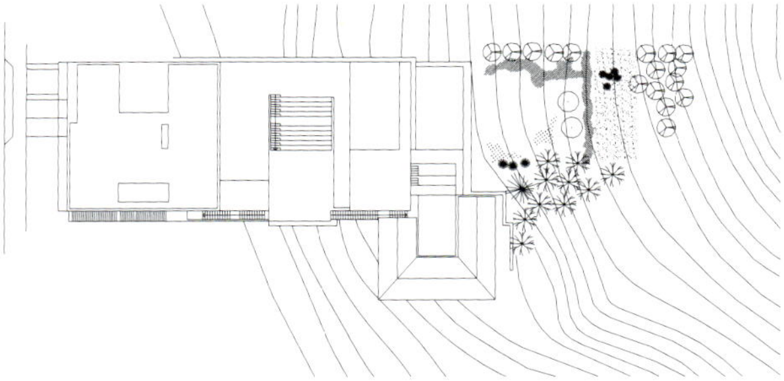

site plan

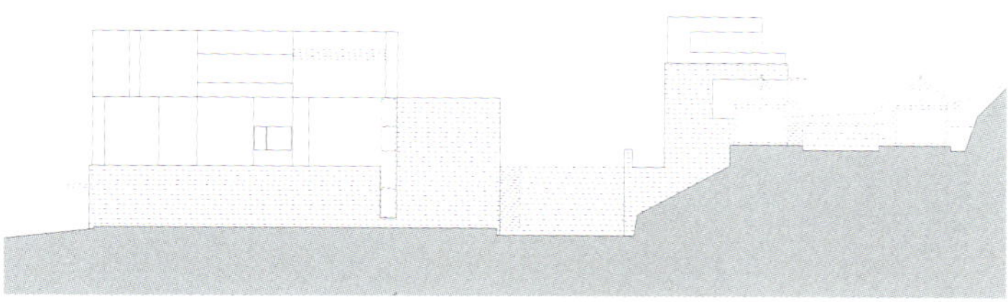

south elevation

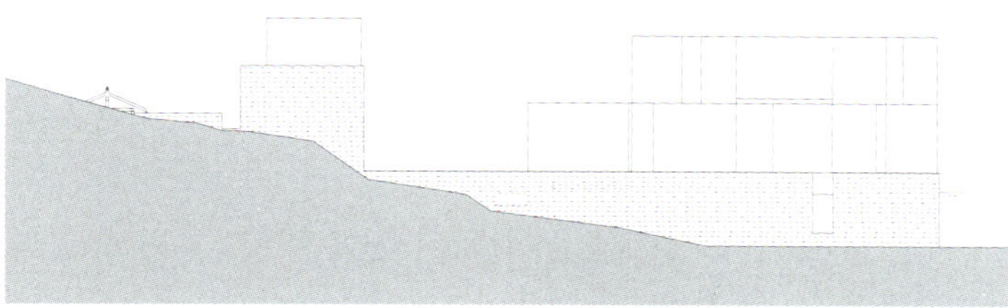

north elevation

93 MUSEUM
갤러리포커스
동서양 1000인의 숨결 展
인물예술관
구삼뮤지엄
93 MUSEUM

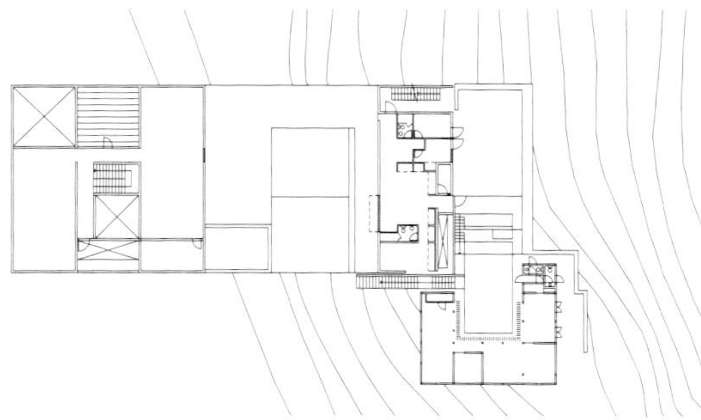

3f plan

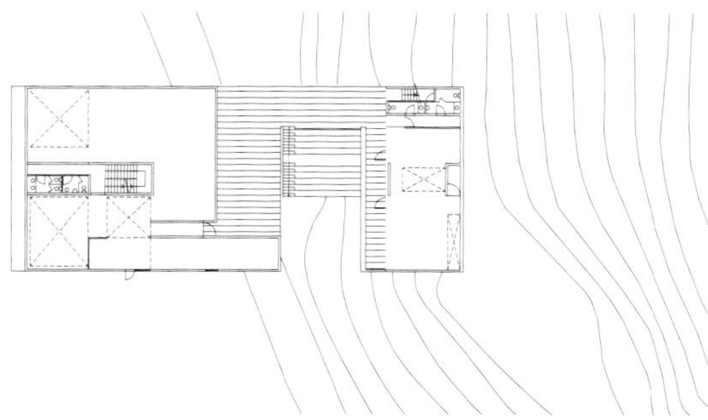

2f plan

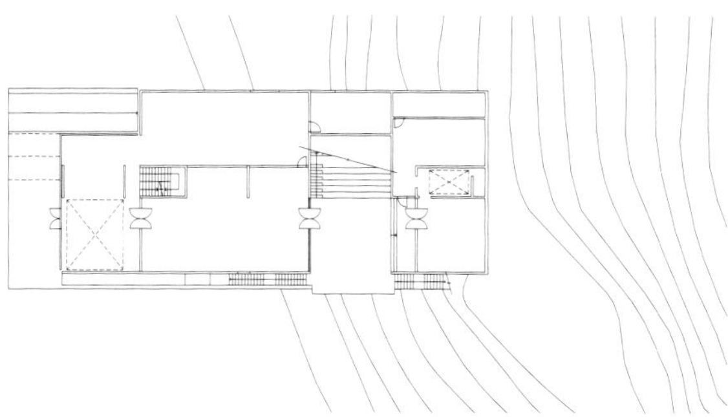

1f plan

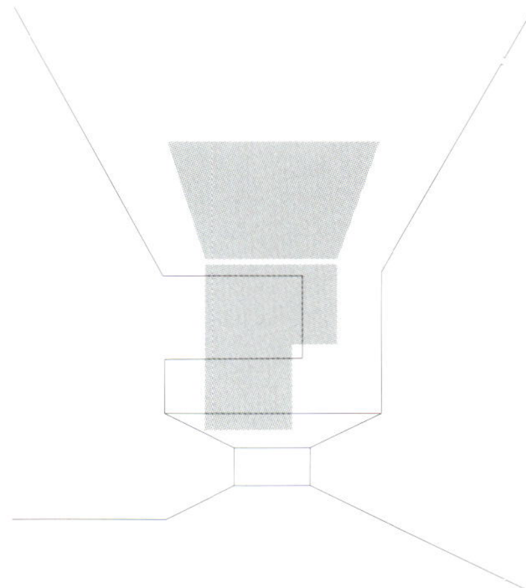

perspective drawing

Heyri Architecture Bridge

The Bridge 5

territory-

2000년 늦여름, 다리 현상설계 구상에 몰두할 당시 필자가 거주하는 일본의 분위기는 유럽이나 미국이 21세기를 희망에 찬 새로운 밀레니엄의 한 해로 보는데 반해서, 10년간 계속된 지긋지긋한 경제 불황의 터널을 벗어나려고 애쓰는 데 지친 모습이었다. 마치 일을 끝내고 집에 돌아오는 가장의 얼굴이었다. 요란한 행사나 대규모 국가 프로젝트 등도 없이 늘 그저 그런 한 해였다. 건축계 역시 버블시대였던 1980년대에 전 세계 각 잡지들을 장식했던 일본 건축가들의 물밀듯한 파워도 한풀 식은 듯 보였다. 거장의 반열에 든 몇몇의 건축가가 공중파 TV의 교양 강좌에 자주 얼굴을 보이는 것이 그리 낯설지 않은 것이 되었다.

경제적인 불황이 적어도 일본의 건축가들에게는 새로운 패러다임을 만들어 내는 것 같았다. 버블시대에는 넘쳐나는 돈으로 길바닥 구석구석까지 '디자인'이 파고들었다. 도무지 '그냥' 놔두고 싶지 않은 곳을 '그대로' 두지 않았다. 한바탕의 회오리가 지나간 뒤 건축가의 눈에 뜨인 것은 그 변화무쌍한 '디자인' 보다 회오리가 휩쓸지 못한 '그냥', '그대로' 였다. 도심 구석의 작은 주택, 시골 외지의 동사무소, 작은 다리… 이런 프로젝트에 건축가들의 손이 미쳤다. '디자인'이 드디어 순수하게 그 '그냥', '그대로' 의 필요에 의해 존재하게 되었다.

필자가 건축과 인간에 대한 구태의연(?)한 테마로, 문화적인 경계 속에서 방황하고 있을 때 헤이리 다리의 설계공모가 있었다. 문화마을 안의 작은 하천에 20m 안쪽의 작은 다리들을 5개 놓는 아이디어 공모였다. 4개가 보차 공용다리이고, 본 5교가 단 하나의 보행자 다리였다. 구조나 교량 전문가들만 다리를 만든다는 선입견이, 누구나 정해진 요건에 대한 해결안을 가지고 있다면 아이디어를 제시해 볼 수 있다는, 전무후무한 시도로 깨질 수 있었다. '디자인'이 갖는 무한한 가능성, 그리고 '기술'이 갖는 편견의 틀을 넘는 것은 그 어떤 것도 아닌 '사람'이었다. 헤이리라는 마을의 '문화 예술'이라는 공동의 틀을 가진 사람들이 이 시도를 받아들이고 이끌었다.

헤이리는 사람보다 더 먼저 이곳에 있던 '대지'가 이 땅의 존재를 증명한다고 믿었다. 밤하늘의 쏟아지는 별들과 풀벌레들의 울음소리, 바람에 흔들리는 갈대의 군무(群舞)는 마음을 열고 '그냥', '그대로' 받아들이지 않으면 보이지도, 느낄 수도 없는 것이라는 게 필자의 가장 중요한 생각이었다. 하지만 이 다리를 '건너는' 사람들 모두가 한가롭게 마음을 열수는 없을 것이다. 또한 누구나 이 다리를 '디자인'으로 볼 수는 없을 것이다. 그것

계(界)의 다리– 헤이리 5교

界

김기환 Kim, Kee-Hwan

In late summer of the year 2000, while I was preoccupied with a bridge competition, In Japan where I was staying, people seemed to be so tired to try to escape tunnel of tedious economic depression that is continued 10 years. Europe and the United States of America, while see 21th century as a year of new millennium in hope. As it were, the face of a tired father returning from a long day's work. It was a year deprived of any buzzing events or large scale nation-wise projects. The Power that constructed with Japan architects, flooded magazines and publications all over the world in 80's bubble, has deflated. It was no longer a rare view that a few architects, ranked as masters, on TV culture program.

At least, economical depression seemed to make new paradigm to Japanese architects. During the bubble period, they never left any place untouched with abundant inflow of capital, architects spread the hands of 'design' everywhere, even to the unnoticeable roads. When the hype drew to the end, it was not the eye-popping variation 'design' but what remained 'untouched as was', that caught the architects' attention. Small residence in the city core, town house in a countryside, petit bridge… Architects' started to handle these projects. 'Design' became the necessity for 'what remained as was' at last.

When I was still infatuated with 'the subject between man and architecture' by the time, when Heyri Art Valley Bridge Competition started. It was an idea competition for put five small bridges on the 20m-wide small stream in the cultural village. 4 bridges were for car and pedestrian, and one was for pedestrian only. Preconception which bridge could be handled by civil engineer was overcome by unprecedented attempt, thinking that if one has a design solution for given condition, they can present the ideas. Producing a design with unbound potentials and overcoming the prejudice over 'engineering' are both 'men'. 'Heyri' was possible for the men gathered from the common denominator

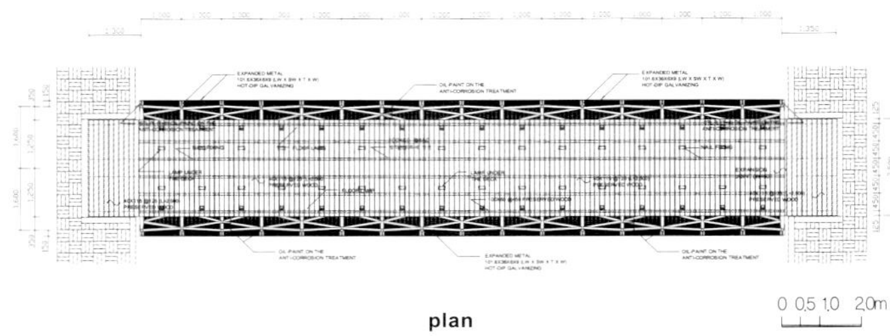

plan

은 교량 디자인이 '건축' 이냐 아니냐에 대한 순박(!)한 의구심에 지나지 않는다. 중요한 것은 '내' 가 이 다리를 '건넌다' 는 것이기 때문이다.

헤이리에 사는 사람들, 찾는 사람들은 각각의 '계' 를 가진다. '계' 가 부딪히는 곳에 우연히 하천이 있고, 하천에는 '다리' 가 있다. 다리를 지나는 사람들, 보는 사람들은 '계' 가 건너고 부딪힌다. 이 다리는 그 '계' 가 만나는 '경계(境界)' 다. 이 '경계' 위에서는 누구나 같다. '내' 가 이 다리를 '건넌다' 는 것이기 때문이다.
'계의 다리' 는 모든 디테일이 이 '계' 를 손상시키지 않는 범위에서 조합되었다. 익스팬디드 메탈(expanded metal)은 크리스토와 잔 클로드(Christo & Jeanne-Claude)의 천막을 연상시킬 수 있다. 또한 리처드 롱(Richard Long)의 발자국은 다리를 비추는 빛일 수도 있겠다. 남은 것은 '내' 가 이 다리를 '건너는' 것 뿐이다.

background of 'art and culture' took this challenge.
I believed that Heyri is the evidence to prove that there was 'land' preexisted men on the earth. Night's sky falling stars, soft buzzing of bugs, and nodding reed in breeze are the attributes of the earth, which you can only perceive with open mind. If not perceived 'as is', as was my main concept, the real 'existence' will never be seen or felt. However, not all people 'crossing' over the bridge may be as open mind. And, all people may perceive the bridge as 'Design'. It is mere question over whether bridge design is architecture or not because the most important fact is that now 'I AM CROSSING THIS BRIDGE'.

Tenants in Heyri and visitors are each given a 'territory-界'. Where a territory meets a territory, are streams and where streams flow, cross bridges. People on a walk bridge and watching are their territories bumped against each other.
This bridge is, 'border' for 'territories'. However, on this border, everyone is equal since for each, the fact that 'I AM CROSSING THIS BRIDGE'.
All the details of the bridge 'territory-界' were assembled to least attenuate existing territory. Expanded Metal reminds Christo & Jeanne-Claude's 'Wall' and light that shed on the bridge may be construed as Richard Long's footprints.
What remains is the fact that 'I AM CROSSING THIS BRIDGE'.

실시설계 및 구조 김기환 & (주)동양구조 안전기술 **실시설계 코디네이팅 및 조명설계** M.A.R.U. & 김기환 **시공** (주)한신스틸콘 **감리** (주)한미파슨스 **계획기간** 2000. 8~2000. 10(공모전 당시)/ 2001. 1~2002. 10(수정안 및 조명 등) **실시설계** 2001. 3~2001. 12 **준공기간** 2002. 8~2003. 9 **건축주** 예술마을 헤이리 **사진** 김기환 **연락처** Mobile 011-9146-9805(김기환)

Construction document & Structural design Kim, Kee-Hwan & Dongyang Structural Engineers Co., Ltd. **Coordinating of Construction document & Lighting Design** M.A.R.U. & Kim, Kee-Hwan **Construction** HANSHIN Steel Construction Co., Ltd **Supervision** Hanmiparsons Inc., **Design period** 2000. 8~2002. 10 **Construction document period** 2001. 3~2001. 12 **Construction period** 2002. 8~2003. 9 **Client** Heyri Art Valley **Photographer** Kim, Kee-Hwan

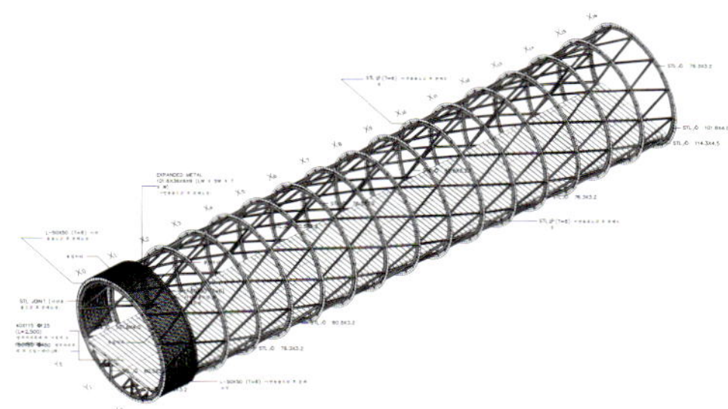

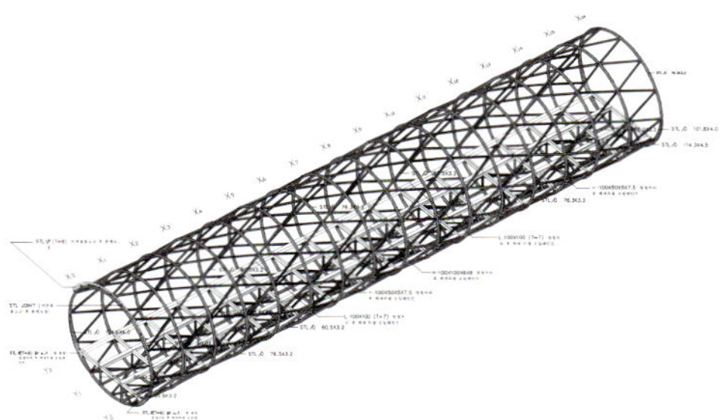

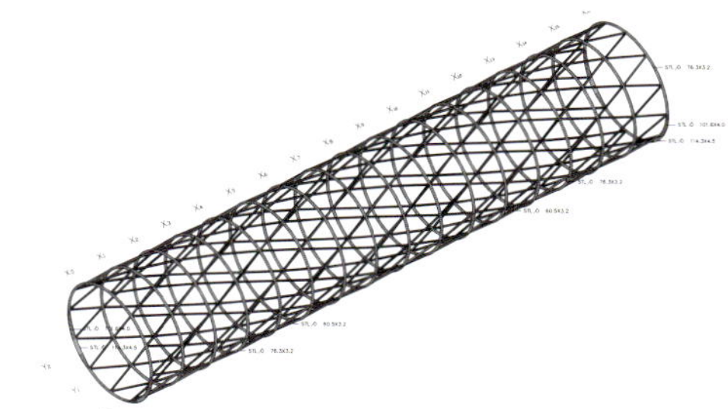

composition-phase

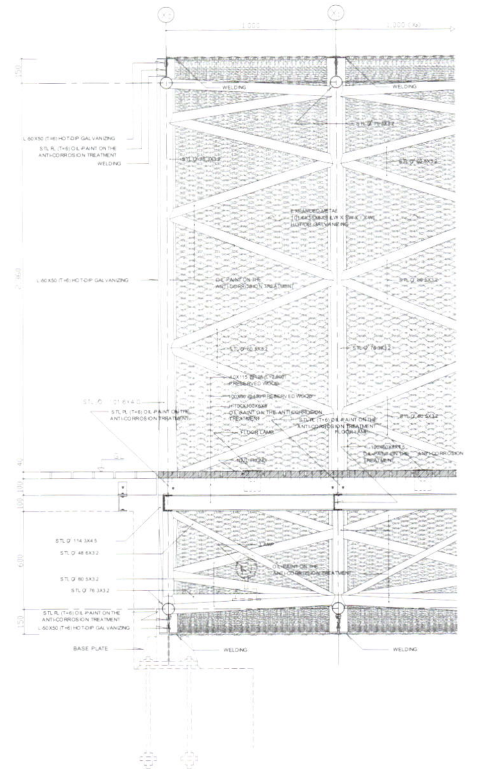

part vertical section

0 0.1 0.25 0.5m

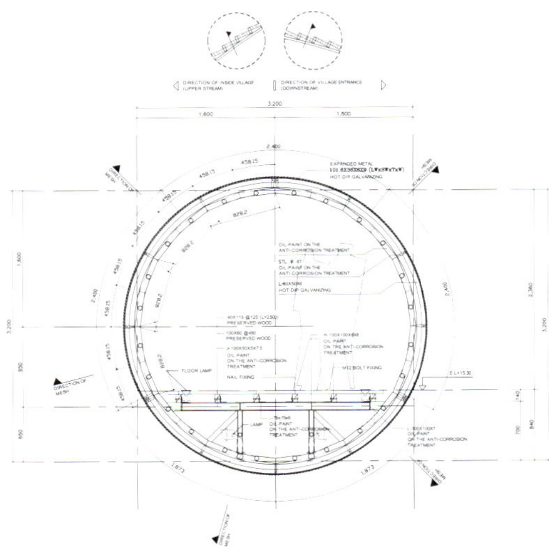

transection

0 0.1 0.5 1.0m

헤이리 1교

The

우경국 Woo, Kyung-Kook

〈헤이리 1교〉는 '2004년 헤이리 겨울 빛 축제(2004 Winter- Lighting festival)' 의 일환으로 기존 교량 위에 재구축된 다리이다. 헤이리건설위원회(construction committee)에서 헤이리의 주 출입구에 있는 1번 교량이 입구로서의 인지성이 약한데다가 야간에는 너무 어두운감이 있어 빛 축제를 계기로 재구축하기로 한 프로젝트이다.

성동 4거리에서 북측으로 100여 미터 오다보면 오른쪽 방향으로 입구 현관과 함께 1번 게이트가 나온다. 바로 1번 교량이 연결되어 있으나 기존의 다리는 평면형 다리이기 때문에 시각적으로 인지가 되지 않는다. 더구나 야간에는 바닥 조명과 난간 조명이 약하여 방문자들이 입구를 지나치는 경우가 많았다. 따라서 가장 중요한 문제는 인지성이 있도록 재구축하는 것이며, 빛과 함께 그 형상을 지각할 수 있도록 하는 것이었다. 이러한 배경에 따라 구조를 해치지 않으면서 새로운 틀을 크로스 오버(cross over)하는 형식으로 제안하게 된 것이다.

H형강으로 된 구조를 기존의 구조와 결합시키고, 다시 규칙적 질서를 배제한 환봉을 난간에 부착시켜 서스펜션 교량과 같은 틀을 만드는 방법으로 계획하였다.

한편, 형강 하단에는 선형으로 된 조명을 설치하고, 그 빛이 사선으로 부착된 환봉을 타고 흐르도록 처리하였다. 마치 물이 흐르는 것처럼 인상적으로 빛을 느끼도록 한 것이다.

〈The bridge 1〉, in Heyri Art Valley is the reconstructed bridge as part of the '2004 Winter- Lighting festival'. This project was started by Heyri Construction

Bridge 1
Heyri Art Valley

Committee and they decided to reconstruct the bridge in preparation for the lighting festival because the main gate - bridge which is weak to recognize as a Heyri main entrance and is also dark at night
100m from Sung-Dong 4th street to the North and, on the right side there is an entrance through the 1st Gate. Though the number 1 bridge is connected because the bridge is flatly designed, it is hardly noticeable.
Especially during the night, the floor and handrail light is dim. Therefore visitors pass by without knowing.
Therefore the most important task is to rebuild it to make it visible figure and also to make it recognizable when reflected by the light.
This is the way to avoid damaging this structure and to do the cross over with a new form. This is how it's been proposed.
The H steel structure is combined to an existing structure and again the beat system is attached to the steel rod with a handrail which was chosen to create the same frame on the railing suspension.
At the lower part of the section, place the light and make it flow in cross lines which are attached to the rod. Give the impression that the light appears as flowing water.

설계사무소 (주)예공아트스페이스건축 **설계담당** 김의기, 이성민 **위치** 헤이리 아트밸리 1 게이트 **준공기간** 2005. 10 **구조** H형강 구조 **조명** Feelux **사진** 우경국

Architect's office YEKONG Architects & Planners **Design staff** Kim, Eui-Ki/ Lee, Sung-Min **Location** gate #1 Heyri Art Valley
Construction period 2005. 10 **Structure** H steel structure **Lighting** Feelux **Photographer** Woo, Kyung-Kook

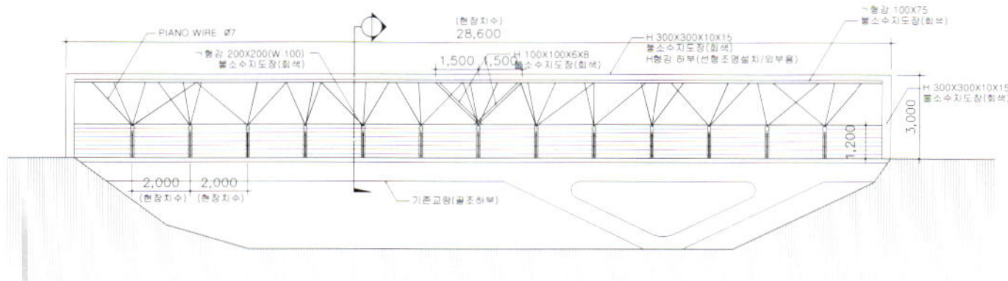

elevation

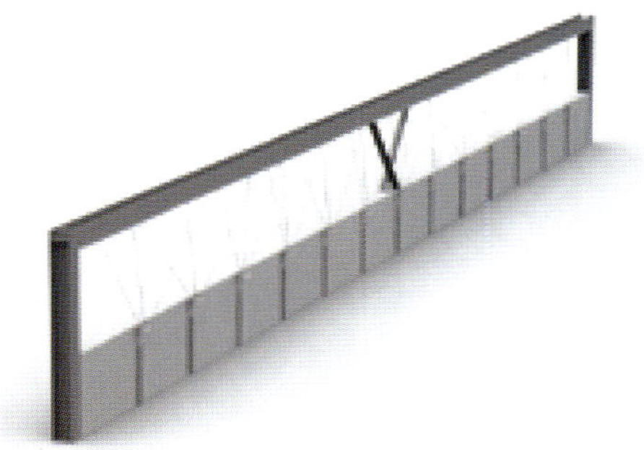

model

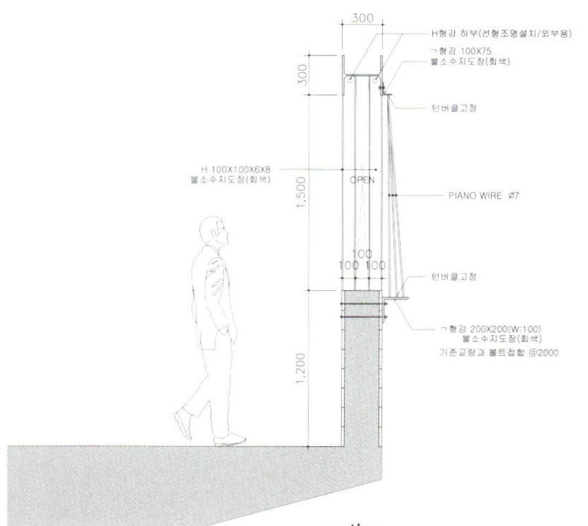

section

Heyri Architecture Profile

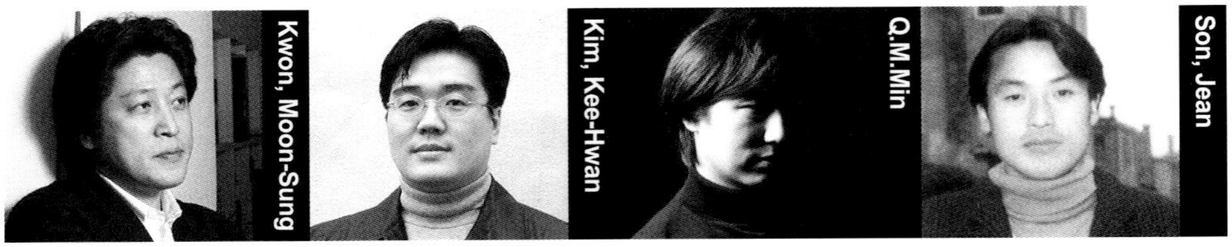

권문성 Kwon, Moon-Sung

1959년 서울 출생
서울대학교 건축학과, 동대학원 졸업
현재 (주)건축사사무소 아뜰리에17 대표이사이며,
서울대학교 건축학과에 출강하고 있다.

주요 활동

파주출판도시 제14섹터 책임 건축가, 헤이리 아트밸리 초청 건축가, 대한민국 건축대전 초대작가
2003년 대한민국 건축대전 심사위원
2004년 이상건축상 아이디어공모전 심사위원
2005년 건설교통부 건축문화포럼 위원
(사)새건축사협의회 이사, 기획위원장

수상

1996년 〈일산22393주택〉 경기도건축문화상
2001년 〈현암사〉 한국건축가협회상
2003년 〈안성맞춤박물관〉 한국건축가협회상
2004년 〈인사동 덕원갤러리〉 대한민국 건축문화대상 우수상
2005년 〈모아텍 기술연구소〉 인천광역시건축상 우수상

주요 작품

〈인사동 덕원갤러리〉, 〈모아텍 기술연구소〉, 〈고막원〉, 〈안성맞춤박물관〉, 〈열림원 사옥〉, 〈현암사〉, 〈일산 22393주택〉 외 다수

1959 Born in Seoul, Korea
Graduated from the Dept. of Architecture, Seoul National University
Graduated from the Graduate School of Architecture, Seoul National University
Present, Architect, atelier17 Architects and Associates
Tutor, Design Studio, Dept. of Architecture, Seoul National University

Career

Coordinate Architect of Paju Book City 14th Sector
Invited Architect of Heyri Art Valley
Invited Architects, National Exhibition of Korean Architecture
2003 Jury, National Exhibition of Korean Architecture
2004 Jury, Ideal Architecture Design Idea Competition
2005 Chief Director, Korea Architects Institute

Awards

1996 <Ilsan 22393 Residence> Award of Gyungi-do Architecture
2001 <Hyunamsa> Award of The KIA
2005 <Moatech Institute> Award of Inchon Architecture

Works

<Dukwon gallery>, <Moatec Technology Institute>, <Go-Mak Won>, <Yolimwon Publishing Company Building>, <Hyunamsa Publishing Company Building>, <Ilsan 22393 Residence> etc,..

김기환 Kim, Kee-Hwan

1969년 서울 출생
1994년 홍익대학교 건축학과 졸업
1995~1998년 이로재 종합건축사사무소 근무
2002년 와세다대학원 후루야 노부아키 연구실 석사
2005년 동대학원 후루야 노부아키 연구실 박사과정 수료

수상

1993년 대한민국 건축대전 입선
2000년 헤이리 아트밸리 다리설계현상공모(제5교) 당선
오노 아즈사 기념 예술상 수상(헤이리 아트밸리 다리설계현상공모 당선)
2003년 청계천 교량 아이디어 국제 현상공모전(제11교, 제20교) 우수작

주요 작품

2002년 서울시립미술관 상설 전시관 개관전 〈천경자의 혼〉 공간 설계
2003년 헤이리 아트밸리 제5교 〈界의 다리〉
서울시립미술관 기획전 '환경미술 물(水)전' 전시 공간 설계
헤이리 페스티벌 2003 전시 공간
코디네이팅 및 전시 오브제 〈The CUBE-開〉 설계
2004년 〈界의 家(I)〉(K-하우스 리노베이션)

1969 Born in Seoul, Korea
1994 Graduated from the Dept. of Architecture, Hongik University
1995~1998 Work in IROJE Architects and Planners
2002 Master' s degree from Waseda University in Japan, LAB. Nobuaki Furuya(Architecture Design)
2005 finished Doctor' s course Waseda University, LAB. Nobuaki Furuya(Architecture Design)

Awards

2000 Heyri Art Valley Bridge Idea Competition 2000, winner prize
2000 ONO Azusa Memorial Award(Heyri Art Valley Bridge Idea Competition 2000, winner prize)
2003 Cheonggyechun Bridge International Idea Competition No.11, No.20 2nd prize

Works

2002 Standing Exhibition Room 'A Spirit of Chon Kyung-Ja', Seoul Museum of ART
2003 Heyri Art Valley Bridge 5, <the territory-界>
Planning Exhibition, 'The Water', Seoul Museum of ART, Space design
Heyri Festival 2003, Exhibition Space coordinate & designed <The CUBE-開>
2004 <The House 界(I)>(K-House Renovation)

김 헌 Kim, Hun

1960년 서울 출생
1983년 한양대학교 건축공학과 졸업
1986년 미시간대학교 대학원 건축과 석사
1993년 건축사사무소 예다(yED' A) 설립
2002년 스튜디오 어사일럼(studio asylum)으로 명칭 변경
현재 경희대학교 조경전문대학원 교수이다.

주요 활동

경기대학교 건축전문대학원 겸임교수
서울건축학교 튜터
서울 국제즉흥무용제 음악 부문 연출

수상

2004년 〈피넘브러〉 한국건축가협회 엄덕문 건축상

주요 작품

〈실렙시스〉, 〈세렌드피티〉, 〈스푸마토〉, 〈한길사〉, 〈피넘브러〉 외 다수

저서

「기억-의미, 매개공간=Mediate spaces'」

1960 Born in Seoul, Korea
1983 Graduated from the Dept. of Architecture Engineering, Hanyang University
1986 Graduated from the Graduate School of Architecture University of Michigan(M. Arch)
1991 Worked as a project manager in Detroit, Michigan till
1993 Principal, studio asylum since
Present, Professor, Graduate School of Architecture, Kyunghee University

Career

Invited Professor, Graduate School of Architecture Kyonggi University
Tutor, Seoul Institute of Architecture in Korean National University of Arts

Awards

2004 <Penumbra> Aum, Duck-Moon Architect Award, Award of The KIA

Works

<Syllepsis>, <Serendipity>, <Sfumato>, <Penumbra> etc,..

Books

「Mediate spaces'」

민규암 Q.M. Min

1966년 서울 출생
1988년 서울대학교 건축학과 졸업
1991년 미국 MIT 석사
1993~1995년 일건건축사무소 근무
1996~1998년 영국 노만포스터와 대우전자 사옥 협동설계 팀 작업
1998년 토마건축을 설립했으며, 대한건축사협회 국제위원으로 활동하고 있다.

수상

1999년 〈한호재〉 한국건축가협회상, 대한건축사협회상
2000년 〈한호재〉 아카시아(아시아건축사협의회) 건축상
2001년 〈첨성재〉 대한건축사협회상

주요 작품

〈한호재〉, 〈첨성재〉, 〈세한가〉, 〈생각 속의 집〉, 〈UV 하우스〉 외 다수

박기수 Park, Ki-Su

전남대학교 건축공학과 졸업
시공건축, 공간건축, 힘마건축 근무
현재 건축사사무소 매스 스터디스의 소장으로 활동하고 있다.

주요 참여 작품

〈산업기술대학교 마스터플랜 및 본관〉, 〈서울시청어린이집〉, 〈대치동 I-호텔〉, 〈국립문화재연구소 마스터플랜 및 청사 및 연구동〉 외 다수

주요 작품

〈비틀린 집〉, 〈서교옥(西橋玉)〉 외 다수

손 진 Son, Jean

1986년 홍익대학교 건축학과 졸업
1992년 이탈리아 베네치아 건축대학 졸업
1993~1995년 스튜디오 프란체스코 베네치아 근무
1995~1996년 스콥피예 건축사무소 근무
현재 이손건축 소장이다.

수상

1993년 아미엥 대학 법정대학 및 도서관 국제 현상설계 1등(아미엥, 프랑스)
1998년 창원 장애인생활관 현상설계 1등
1999년 이효석 기념관 현상설계 2등
1999년 YP 리조트 콤플렉스 지명현상 1등(양평)
2004년 한국건축가협회상

주요 작품

〈아미엥 대학 법정대학 및 도서관〉, 〈창원 장애인생활관〉, 〈안양 천사유치원〉, 〈안상규 스튜디오〉, 〈SJW 패션사옥〉 외 다수

1966 Born in Seoul, Korea
1988 Graduated from the Dept. of Architecture, Seoul National University
1991 Graduated from the MIT(M. Arch)
1993~1995 Worked for Ilkun Architects
1996~1998 Worked for I&S consortium in cooperation with Norman Foster Associates
1998 Founded TOMA architects
2001 International committee member of The KIRA(Korea Institute of Registered Architects)

Awards

1999 <Hanhoje> Award of The KIA, Award of The KIRA
2000 <Hanhoje> Award of ARCASIA(Architects Regional Council of Asia)
2001 <Star-Waching House> Award of The KIRA

Works

<Hanhoje>, <Star-Waching House>, <Sehanga>, <House of the Mind>, <UV House> etc,..

Graduated from the Architectural Engineering department of Chonnam University
Worked for Architecture company of 'Sigong', 'Space', 'Himma'
Present, working as a partner of Mass Studies.

Works of Participate

<master plan and the main building of Korea Polytechnic University>, <Seoul Metropolitan City's day care center>, <I-Hotel>, <master plan, office and research buildings of the National Cultural Properties Research Institute> etc,..

Works

<Torque House>, <Seogyoyok> etc,..

1986 Graduated from the Dept. of Architecture, Hongik University
1992 Graduated from the Faculty of Architecture, University of Venezia
1993~1995 Worked for Studio Francesco Venezia
1995~1996 Worked for Skopie Studio
Present, Architect, ison Architects

Awards

1993 Amiens University, College of Law and A Library, International Competition, winner prize, France
1998 Changwon Rehabilitation Center Competition, winner prize
1999 Yangpyeong Resort Complex Competition, winner prize
2004 Award of The KIA

Works

<Amiens University, College of Law and A Library>, <Changwon Rehabilitation Center>, <Anyang Angel Kindergarten>, <ASK studio>, <SJW Fashion Building> etc,..

우경국 Woo, Kyung-Kook

1946년 경기도 광주 분원 출생
1973년 한양대학교 건축공학과 졸업
1988년 예공건축 설립
현재 (주)예공아트스페이스건축 대표이며, 한양대학교에서 학생들을 가르치고 있다.

주요 활동

1992년 동국대학교 초빙강사, 경기대학교 대우교수, 디자인 디렉터로 10년간 활동
2001년 영국 던디대학의 특별 초청으로 '마당 공간의 비결정성'이라는 주제로 강의
2000년 한국건축가학교(SAKIA) 디자인 디렉터(1기-4기)로 활동

수상

1993년 〈여운헌〉 20세기 한국 주요 건축으로 선정
1995년 〈몽학재〉 강구조 작품상, 건축문화대상
2000년 〈평심정〉 건축문화대상
2003년 〈아크로스〉 한국건축가협회상
2005년 〈건축박물관+시경당(MOA)〉 한국건축가협회상

주요 작품

〈관수정〉, 〈몽학재〉, 〈평심정〉, 〈남명기념관〉, 〈아크로스〉, 〈건축박물관+시경당(MOA)〉 외 다수

저서

「관계, 흐름, 건축」, 「평심정」등

1946 Born in Bunwon, Gwangju-Si, Gyeonggi-Do, Korea
1973 Graduated from the Hanyang University
1988 Founded YEKONG Architects & Planners

Career

1992~1999 Tutor in Architecture Dongkook University
1994~2000 Design Director & Professor in GSAK(Graduate School of Architecture Kyunggi University)
2000~2001 Design Director SAKIA(School of Architecture Korea Institute of Architect)
2000~Present Director of KIA
2004~Present Visiting professor Hanyang University.

Awards

1995 Korean steel structure prize <Mong-Hak Jae House>, Korean Architectural culture prize
2000 Korean Architectural culture prize, <Pyong-Shim Jong House>
2003 Award of The KIA, <ACROS Building>
2005 Award of The KIA, <MOA+Sikyung-Dang House>

Books

「Relation, Flow, Architecture(Kyung Kook Woo's architecture story)」(1998, Contemporary Architecture)
「Pyong-Sim Jong House」(2000, Spacetime) etc,..

이경락 Lee, Kyung-Rak

1962년 부산 출생
부산대학교 건축학과 졸업
모람건축, 모인터건축에서 근무
현재 (주)건축사사무소 아뜰리에17 소장

수상

1996년 〈일산22393주택〉 경기도건축문화상
2001년 〈현암사〉 한국건축가협회상
2003년 〈안성맞춤박물관〉 한국건축가협회상
2004년 〈인사동 덕원갤러리〉 대한민국 건축문화대상 우수상
2005년 〈모아텍 기술연구소〉 인천광역시건축상 우수상

주요 작품

〈인사동 덕원갤러리〉, 〈모아텍 기술연구소〉, 〈고막원〉, 〈안성맞춤박물관〉, 〈열림원 사옥〉, 〈현암사〉, 〈일산 22393주택〉 외 다수

1962 Born in Pusan, Korea
Graduated from the Dept. of Architecture, Pusan National University(Korea)
Work in Moram Atechitects and Associates, Mointer Architects and Associates
Present, Architect, atelier17 Architects and Associates

Awards

1996 <Ilsan 22393 Residence> Award of Gyungi-do Architecture
2001 <Hyunamsa> Award of The KIA(Korea Institute of Architects)
2003 <Ansung Brass Museum> Award of The KIA
2005 <Moatech Institute> Award of Inchon Architecture

Works

<Dukwon gallery>, <Moatec Technology Institute>, <Go-Mak Won> <Ansung Brass Museum>, <Yolimwon Publishing Company Building>, <Hyunamsa Publishing Company Building>, <Ilsan 22393 Residence> etc,..

이 민 I, Min

1978년 충남대학교 건축학과 졸업
1984년 서울대학교 환경대학원 졸업
1990년 이탈리아 로마대학교 건축대학원 졸업
1992~1995년 스튜디오 프란체스코 베네치아에서 근무
현재 이손건축 소장이다.

수상

1993년 아미엥 대학 법정대학 및 도서관 국제 현상설계 1등(아미엥, 프랑스)
1998년 창원 장애인생활관 현상설계 1등
1999년 이효석 기념관 현상설계 2등
1999년 YP 리조트 콤플렉스 지명현상 1등(양평)
2004년 한국건축가협회상

주요 작품

〈아미엥 대학 법정대학 및 도서관〉, 〈창원 장애인생활관〉, 〈안양 천사유치원〉, 〈안상규 스튜디오〉, 〈SJW 패션사옥〉 외 다수

1978 Graduated from the Dept. of Architecture, Chungnam National University
1984 Seoul National University, Graduate School of Environmental Studies
1990 University of Rome, Faculty of Architecture
1992~1995 Worked for Studio Francesco Venezia
Present, Architect, ison Architects

Awards

1993 Amiens University, College of Law and A Library, International Competition, winner prize, France
1998 Changwon Rehabilitation Center Competition, winner prize
1999 Yangpyeong Resort Complex Competition, winner prize
2004 Award of The KIA

Works

<Amiens University, College of Law and A Library>, <Changwon Rehabilitation Center>, <Anyang Angel Kindergarten>, <ASK studio>, <SJW Fashion Building> etc,..

이은영 Yi, Eun-Young

1956년 대전 출생
한양대학교 건축학과 졸업
1990년 아아켄공대(RWTH Aachen) 건축학 디플롬
O.M. 웅어스, J. 쉬어만 설계사무소에서 근무
1994년 독일 쾰른에서 이은영 설계사무소(Yi Architects)
설립 후 운영했으며, 2000년부터 한양대학교 안산캠퍼스
건축학부 교수로 재직 중이다.

주요 활동

1984년 독일로 건너간 이후 2000년 귀국하기까지
유럽에서 활동했으며, 독일건축사이고 독일건축사협회,
독일건축가협회, 한국건축가협회 회원이다.
1994년부터 아아켄공대 건축학과에 출강했다.

주요 작품

〈슈투트가르트 중앙도서관〉(유럽 공개현상설계 1등),
〈남경도서관 계획안〉(국제 지명설계 우수작),
〈쾰른 가톨릭미술관 계획안〉(국제 현상설계 가작),
〈백남준미술관 계획안〉(국제 현상설계 최종 8작),
〈주한독일문화원 개축〉, 〈헤이리 주택 I, II, III〉 외 다수

1956 Born in Daejeon, Korea
Graduated from the Hanyang University and received a Dipl.-Ing. RWTH Aachen(Germany).
Worked for O. M. Ungers and J. Schrmann in Cologne.
After receiving architects licence from Germany, established office of Yi, Eun-Young(Yi Architects) in Cologne.
He taught in RWTH Aachen in Germany and since 2000 is a professor in Hanyang University.
His most famous project is the New City Library in Stuttgart, which he has won through an Europe open competition. He won numberless Prizes by international architectural competitions. He tries to combine the classic language of architecture to the modern architecture, pursuing to search the essential values.

Works

<Library 21 in Stuttgart>(Europe open competition 1. awards, 1999), <Nanjing Library>(International invited, 1999), <Paik, Nam-June Museum>(International open competition 8 finalist, 2003), <Heyri Ⅰ, Ⅱ, Ⅲ> etc,..

제임스 슬레이드 James Slade

미국 코넬대학교 졸업
컬럼비아대학교 건축대학원 졸업
조민석과 함께 컬럼비아 건축대학원에서 수학했으며, 폴섹 앤 파트너스에서 함께 근무했다.
1998년 그와 함께 조슬레이드 건축을 설립했다.
현재 프랫 인스티튜트(뉴욕)에서 방문 교수로 재직 중이며, 슬레이드 건축의 대표이다.

주요 활동

미국건축사이며, 리처드 글럭먼(Richard Gluckman), 한라한 앤 메이어스(Hanrahan & Meyers), 릭 마더(Rick Mather) 등 뉴욕과 런던의 건축사무소에서 근무하며 건축과 도시 계획 전반에 걸친 다양한 실무 경험을 쌓았다.
조민석과 함께 태국의 방콕, 미국 뉴욕, 브루클린 등지에서 전시회를 통해 소개되었다.

수상

1999년 〈본 에를라하 주택〉 미국 프로그레시브 아키텍처 어워드 우수상
2000년 미국 젊은 건축가상(뉴욕건축가 연맹)
2003년 〈딸기가 좋아〉(딸기 테마파크), 미국 프로그레시브 아키텍처 어워드 우수상

주요 작품

〈본 에를라하 주택〉, 〈딸기가 좋아〉(딸기 테마파크) 외 다수

Graduate School of Architecture Planning and Preservation, Columbia University, Master of Architecture Degree
Cornell University, Bachelor of Arts Degree, College of Arts and Sciences
Member of AIA
Slade Architecture, Principal, Founder
Cho Slade Architecture, Principal, Founder
Pratt Institute, Adjunct Professor of Architecture
Richard Gluckman Architects, Project Architect
Polshek and Partners Architects, Project Designer
Hanrahan & Meyers Architects, Assistant Holly Loft
Richard Gluckman Architects, Project Architect

Awards

1999 <Von Erlach House> Progressive Architecture Awards(Citations)
2000 'Young Architects Award' Architectural League of New York's
2003 <I like dalki>(Dalki Theme Park) Progressive Architecture Awards(Citations)

Works

<Von Erlach House>, <I like dalki>(Dalki Theme Park) etc,..

조민석 Cho, Min-Suk

서울 출생
연세대학교 건축공학과, 컬럼비아대학교 건축대학원 졸업
1998년 조슬레이드 건축(Cho Slade Architecture) 설립, 제임스 슬레이드(James Slade)와 뉴욕에서 함께 설립했으며, 2003년 국내에서 매스 스터디스(Mass Studies)를 설립했다.

주요 활동

2004년 〈딸기가 좋아〉(딸기 테마파크) 2004년 베니스 비엔날레 주제전 초청 전시
2006년 독일의 비트라 디자인 박물관이 주최하는 미래의 주거 환경에 관한 'Open House' 전시회에 초청

수상

1998년 일본 신건축 '도시 주거' 국제 현상공모 1등
1999년 〈본 에를라하 주택(Von Erlach House)〉, 미국 프로그레시브 아키텍처 어워드 우수상
2000년 미국 젊은 건축가상(뉴욕 건축가연맹)
2003년 〈딸기가 좋아〉(딸기 테마파크), 미국 프로그레시브 아키텍처 어워드 우수상

주요 작품

〈헤이리 픽셀 하우스(Pixel House)〉, 〈딸기가 좋아〉(딸기 테마파크), 〈쌈지 미술창고〉, 〈비틀린 집(Torque House)〉 외 다수

Born and raised in Seoul, Korea
Graduated from the Dept. of Architecture Engineering, Yonsei University
Masters of Architecture from the Graduate School of Architecture, Columbia University
Working for Kolatan/MacDonald Studio, and Polshek and Partners in New York, and then later moved to the Office for Metropolitan Architecture in Rotterdam.
With business partner James Slade, Minsuk established Cho Slade Architecture in 1988 in New York City.
Since 2003, Min-Suk has been very actively engaged in the Korean architectural landscape with the establishment of his own firm, 'Mass Studies'.

Awards

1999 <Von Erlach House> Progressive Architecture Awards(Citations)
2000 'Young Architects Award' Architectural League of New York's
2003 <I like dalki>(Dalki Theme Park) Progressive Architecture Awards(Citations)

Works

<Heyri Pixel House>, <I like dalki>(Dalki Theme Park), <Torque House> etc,..

조병수 Cho, Byoung-Soo

1957년 서울 출생
1986년 몬태나주립대학교 건축학 학사(5년 과정)
1991년 하버드대학교 대학원 건축학 및 도시설계학 석사
1994년 조병수 건축연구소 설립

주요 활동

미국건축사, 한국건축가협회 회원이다.
1999~현재 미국 몬태나주립대학교 건축학과 부교수
2004~현재 연세대학교 교환교수

수상

1998년 한국건축가협회 아천상
1999년 한국건축가협회상
2002년 〈파주 어유지 장애인학교〉, 〈강화도 우리마을 장애인학교〉 미국건축가협회(AIA) 몬태나주 본상
2004년 〈파주 어유지 장애인학교〉, 〈강화도 우리마을 장애인학교〉 미국 북서부 및 태평양권역 미국건축가협회 최고상
〈카메라타〉, 〈'ㄷ자 양철 지붕집〉 미국 몬태나주 건축가 협회상
2005년 〈카메라타〉 한국건축가협회상

주요 작품

〈파주 어유지 장애인학교〉, 〈강화도 우리마을 장애인학교〉, 〈카메라타〉, 〈배재대학교 예술대학, 박물관 및 채플〉, 〈송학리 산돌담집〉 외 다수

1957 Born in Seoul, Korea
1986 Graduated from the Montana State University, Montana, USA
1991 Master in Architecture(M Arch II), Master of Architecture in Urban Design, Harvard University
1994 Founded BYOUNGSOO CHO Architects

Career

Present, Member of AIA, KIA
1999~Present Associate Professor, Montana State University
2004~Present Visiting critic, Yonsei University

Awards

2002 AIA Honor Award for the design of <Uri Village>, <Village of Dancing Fish> Montana Chapter
2004 Honor Award, Northwest and Pacific Regional for the design of <Village of Dancing Fish>, <Uri Village> USA.
Honor Award, Montana for the design of <'ㄷ' Shape House>, <'H' Camerata Music Space & Gallery> USA
2005 <'H' Camerata Music Space & Gallery> Award of The KIA

Works

<Mountain Stone Wall House, Songhakri>, <'H' Camerata Music Space & Gallery>, <Uri Village>, <Village of Dancing Fish> etc,..

최두남 Choi, Du-Nam

1953년 서울 출생
1977년 U.C. 버클리대학교 졸업
1983년 하버드대학교 대학원 석사
뉴욕의 콘 페더스 폭스(KPF)와 캠브리지의 우 앤 윌리암스(Woo & Willams) 건축사무소에서 근무했으며, 1997년 한국에 최두남 건축사무소를 설립했다.
현재 서울대학교 건축학과 교수이다.

주요 활동

미국건축사, 미국건축가협회 정회원
밀라노 트리엔날레 서울전시관 설계 자문의원
서울시 건축 심의위원
대한민국 건축대전 심사위원
백범기념관 설계경기 심사위원
이상건축상 아이디어공모전 심사위원
하버드대학교 주관 건축포럼 초대 강연
새천년 건설환경디자인 세계대회 초청 강연

수상

샌프란시스코 건축재단 선정 젊은 건축가상
한국건축가협회상

주요 작품

〈샘터 화랑〉, 〈서종 갤러리〉, 〈백선 바오로의 집〉, 〈글라스 하우스〉, 〈한길 아트 스페이스 3〉, 〈논현동 빌딩〉 외 다수

1953 Born in Seoul, Korea
1977 University of California at Berkeley, Bachelor of Arts
1983 Harvard University Graduate School of Design, Master of Architecture
Worked for KPF, Woo & Willams Architects
1997 Founded Dunam Choi Architects, Principal
Present, Professor, Seoul National University Department of Architecture

Career

Member of AIA
Milano Triennale Exhibition, Architectural Advisor for design Korean Pavilion Exhibit
Jury, National Exhibition of Korean Architecture
Jury, Competition for Baekbum memorial hall
Jury, Ideal Architecture Design Idea Competition
Guest Lecturer for Architecture Forum, Harvard University
Guest Lecturer, International conference on Architectural Environment Design for New Millennium

Awards

The Architectural Foundation of San Francisco Award
Award of The KIA

Works

<Samtoh Gallery>, <Seojong Gallery>, <St. Paul's House>, <Glass House>, <Hangil Art Space 3>, <Nonhyeondong Building> etc,..

최문규 Choi, Moon-Gyu

1961년 청주 출생
연세대학교 건축공학과와 동대학원 졸업
1991년 컬럼비아 건축대학원 졸업
1989년 콘 페더스 폭스(KPF) 건축사무소 근무
1999년 (주)가아건축사사무소 설립
현재 연세대학교 건축공학과 교수이다.

주요 활동

파주출판도시 섹터 건축가
2002년 파주출판도시 건축가 2차 전시회
2002년 헤이리 아트밸리 전시회, 성곡미술관
2003년 헤이리 아트밸리 2차 전시회, 헤이리 커뮤니티센터
2004년 제9회 베니스 비엔날레 국제관 초청 전시

수상

1999년 전주 전통문화센터 현상설계 당선
2002년 한국건축가협회상(이타미 준과 공동 수상)
2003년 50회 P/A citation, 미국(조슬레이드 아키텍처와 공동 수상)
2004년 미국건축가협회(AIA)-NY 2004 Award 수상, 뉴욕
2005년 〈정한숙 기념관〉 한국건축가협회 엄덕문 건축상

주요 작품

〈전주 전통문화센터〉, 〈딸기가 좋아〉(딸기 테마파크), 〈정한숙 기념관〉, 〈쌈지길〉 외 다수

최욱 Choi, Wook

1963년 부산 출생
1985년 홍익대학교 건축학과 졸업
1990년 이탈리아 베네치아 건축대학 졸업(Dottore in Arch)
1999년 Macdowell Colony Fellowship, USA
2004년 Vaparaiso Foundation Fellowship, Spain
현재 one o one design 대표이며,
한국예술종합학교 건축과 스튜디오 튜터이다.

주요 활동

베니스 비엔날레 건축전 전문위원
철암 그 미래를 위한 제안 전시회 참여
파주출판도시 건축가 전시회

주요 작품

〈스튜디오 스몰〉, 〈헤이리 시네마 갤러리〉,
〈일산 스튜디오 II〉, 〈N-위크엔드 하우스〉, 〈ML빌딩〉,
〈푸른나무 사옥〉, 〈93 뮤지엄〉 외 다수

1961 Born in Cheongju, Korea
Received B. Arch from Yonsei University, Master of Engineering from Yonsei Graduate School
1991 Master of Architecture from Columbia University.
1989 Worked for KPF Architects, New York
1999 Founded Ga.A Architects
Present, Professor of Architectural Engineering at Yonsei University

Career

Sector Architect of Paju Book City.
2002 Paju Book City 2nd Exhibition
2003 Heyri Art Valley 2nd Exhibition, Heyri
2004 Invited the 9th Venice Biennale, International Exhibition of Architecture

Awards

2002 Award of The KIA(with Itami Jun)
2003 50th Progressive Architecture Award(with Cho Slade Architecture), USA
2004 AIA-NY Award, USA
2005 <Cheong, Han-Sook Memorial> Aum, Duck-Moon Architect Award, Award of The KIA

Works

<Jeonju Traditional Culture Center>, <I like dalki>(Dalki Theme Park), <Cheong, Han-Sook Memorial>, <Ssamziegil> etc,..

1963 Born in Busan, Korea
1985 Graduated from the Dept. of Architecture, Hongik University
1990 Graduated from Institute University, Architecture of Venizia, Italy(Dottre in Arch.)
1999 Macdowell Colony Fellowship USA
2004 Vaparaiso Foundation Fellowship, Spain
Present, Representative, One o one design
Tutor, The Korean National University of Arts

Career

A member of Venice Biennale Architecture Exhibit
Exhibit of suggesting Chulam' s future
Paju Book City 2nd Exhibition

Works

<Small Studio>, <Heyri Cinema Gallery>,
<Ilsan Studio II>, <N-weekend house>, <ML Building>,
<Purunnamu Building>, <93 Museum>, etc,..

헤이리 건축
Heyri Architecture vol. 0

발행일 2006년 1월 16일 1판 1쇄
발행일 2008년 10월 30일 1판 2쇄

기획 및 감수 우경국/(사)한국건축가협회 편찬위원장
책임편집 박기원
표지 및 편집디자인 지미선

엮은곳 (사)한국건축가협회
주소 서울시 종로구 동숭동 1-117 예총회관 501호
Tel 82-2-744-8050
Fax 82-2-743-5363
http://www.kia.or.kr

펴낸곳 기문당
펴낸이 강해작
주소 서울시 성동구 왕십리2동 966-22
Tel 82-2-2295-6171~5
Fax 82-2-2296-8188
http://kimoondang.com

Date of Publication 2006. 1.16

Planning & Editorial Supervisor Woo, Kyung-Kook
Editorial Chief Park, Kee-Won
Cover & Editor Design Ji, Mi-Seon

Editor KIA(Korean Institute of Architects)
1-117, Dongsung-dong, Jongno-Gu, Seoul, Korea

Publication Kimoondang
Publisher Kang, Hae-Jak
966-22, Wangsimni2, Seongdong-Gu, Seoul, Korea

ISBN 89-7086-811-9 93540

정가 18,000원